笔尖下的
建筑与环境

张勇 著

山东美术出版社

图书在版编目（ＣＩＰ）数据

笔尖下的建筑与环境／张勇著.－－济南：山东美
术出版社，2012.9
　　ISBN 978-7-5330-4025-3

　　Ⅰ.①笔…Ⅱ.①张…Ⅲ.①建筑艺术－速写－作品
集－中国－现代　Ⅳ.①TU-881.2

中国版本图书馆CIP数据核字(2012)第205411号

责任编辑：信　奇　李文倩

主管部门：山东出版集团
出版发行：山东美术出版社
　　　　　　济南市胜利大街39号（邮编：250001）
　　　　　　http://www.sdmspub.com
　　　　　　E-mail：sdmscbs@163.com
　　　　　　电话：(0531) 82098268　传真：(0531) 82066185
　　　　　　山东美术出版社发行部
　　　　　　济南市胜利大街39号（邮编：250001）
　　　　　　电话：(0531) 86193019　86193028
制　　版：山东新华印务有限责任公司
印　　刷：济南红河印业有限公司
开　　本：889×1194毫米　20开　12.5印张
版　　次：2012年9月第1版　2012年9月第1次印刷
定　　价：30.00元

前 言

　　建筑和环境与我们的生活密切相关，回顾人类的文明史，实则是一部不断认识自然、利用自然、探索自然的发展史。能在不同的自然环境中生存，体现了人类认知自然的进步。从早期的民族部落开始，聚居生活、居住环境的选择、居所的营建就是人类生存的基本行为之一。虽然古时民智未开时期，对于种种的自然现象还不能作科学的解释，只能求助于神的庇护，通过占卜的方式预测"吉"与"凶"，但在长期的生产生活实践中，人们积累了丰富的应对自然环境的经验。为了生存，祖先给我们留下了许多观天象、察地形的方法，目的是寻求人与自然的和谐，实现可持续的生存和繁衍。中国古代的风水术除去其封建迷信色彩，其对自然环境因素的考虑有符合客观规律性的一面，包括对传统文化的解读，它汇集了古天文学、地理学、水文学等多方面的知识，成为我国传统建筑历史中一种特有的文化现象。

　　在我国各地许多保留至今的古老村落中，人们依然恪守诸多的传统风俗和当地的一些禁忌，遵循前辈的嘱托，精心地维护着给他们带来安逸生活的"风水山"、"风水树"。在与自然的不断抗争中，人们学会了尊重自然、应对自然的生存之道，于是，环境与建筑、建筑与民俗成为传统民居重要的研究内容。同时各地民居不仅展示了不同区域、不同环境、不同时代的生活缩影，也体现了各地不同时期经济、文化、宗教等各方面的内容。对于这份丰厚的文化遗产，在努力保护的同时，带给我们更多的是启示。现代科技的不断发展，让人类许多的梦想成为现实，科技的力量也让当代的建筑变得越来越壮观，环境的人工化痕迹越来越明显，只是许多的变化成为表面的修饰，掩盖了危机的存在。

　　特别是在当前我国城市化进程迅速发展的时期，城市与环境的协调发展问题已成为热点议题之一。面对当今世界频繁发生的自然灾害以及日趋严重的资源危机，对环境的保护、资源的合理开发与利用早已为各国所关注。回顾城市的历史，城市化是人类文明进步的表现，也是历史发展的必然进程。体察各地古老的城市，多与山、水相依，充分利用自然赋予的条件，规划城市形态，创造人居环境，展现了城市与自然和谐共生的生存理念。当代城市发展正因牺牲了赖以生存的自然环境，所以不得不为自己的过失而买单。利用自然的前提是对自然的保护，善待自然环境也许正是当代人经历了痛苦和无奈的抗争之后所悟出的真谛。

　　本书综合了我对部分民居、环境、城市等进行针对性考察调研的阶段性成果，以及多年积累的建筑与环境速写作品。了解、研究民族古老文化遗产，对其进行发掘保护、学习借鉴，有助于使中国优秀的文化传统不断得以继承、发展，这对当今社会有重要的现实意义。古老的城市、乡村不仅内涵十分丰富，而且面貌多彩多姿，更有前人留下的宝贵经验值得我们借鉴。能将相关的"笔耕"资料整理成章，有机会将其呈现给读者，并与之交流，这也是我多年的愿望。

张勇

2012年3月于山东艺术学院

目 录

一、速写篇——记录与记忆的升华

（一）速写的特性概述

速写最初作为艺术家创作的一种辅助手段，原泛指造型艺术家进行艺术创作前的构思草图，是画家进行创作时对各种形象最初的概括性的勾勒，英文sketch（速写）有粗略的素描或形象轮廓、草图等含义。后者是对素描中快笔挥就的一种作画方法的称呼，但将速写称作是"一种轻松或不加矫饰的自然的素描或绘画"更准确一些。因为速写在描绘对象时一是重在主要特征或外形的表现，不太拘泥于过多的细节，具有自然抒发、自由洒脱的表现特性；二是对于需要详细记录某些物象的结构时，速写并不体现形式上的完整、详尽，只求记录的真实、具体；三是速写也并不限于某种工具与材料的运用，任何工具与材料的表现只要符合速写的特性，都可称之为速写或速写性绘画。又因速写体现了一种"未完成"的特点，给人以丰富想象的空间，所以，速写作为一种艺术表现形式就颇具独立的欣赏价值。

速写所表现的内容，通常根据写生的对象来区分，如人物速写、动物速写、

图1 （意）达·芬奇速写

风景速写等等。在此基础上还可以根据内容的针对性再作进一步的区别，以风景速写为例，一般就包括自然风景、建筑与环境、花卉写生等，但这种划分并没有绝对的界限，更多是内容间的相互结合。

速写根植于生活，写生实践的意义在于表现真景物抒发真性情，这也是艺术创作的基本规律。速写多体现"以小见

1

大"，说它"小"一是因为速写的尺幅小，大的速写本也不过几十厘米，小的可以画在巴掌大的纸头上；二是指在个人的艺术创作中，速写只算是"实践小品"。说它"大"，是因为速写表现的内容具有综合性，画面虽小却包含了构成绘画作品的诸多要素，如透视构图、表现风格、节奏韵律、笔触变化等等。所以画好速写不仅是要掌握正确的表现方法，也要有必要的基本素质训练，不但体现了画者的造型能力，更主要的是反映了画者的艺术素质与修养。王国维在其《人间词话》中认为，文学作品的境界应是真与美的结合，"境界有大小，不以是而分优劣。'细雨鱼儿出，

图2　黄宾虹一生注重写生，足迹遍布中国大江南北、名山大川，其中作品包括速写和墨笔默记。

微风燕子斜'，何遽不若'落日照大旗，马鸣风萧萧'。'宝帘闲挂小银钩'何遽不若'雾失楼台，月迷津渡'也。"绘画作品亦如此，题材内容和形式的大小也不是区分作品优劣的标准，鸿篇巨制、壮丽景象的表现是追求一种视觉上的震撼力，而记录生活的点滴场景则表达一种细腻的情感，同样具有感染力。

一种艺术风格的建立反映了一个艺术家、艺术群体或一个民族在不同的时期艺术创作的成熟性。艺术作品的风格集中体现为具有代表性的特色艺术语言，作品的风格还体现了内容与形式的完美统一。个人艺术风格的形成是长期艺术实践探索的结果，不是一朝一夕之功，具有相对的稳定性以及抒发真情的自然表露，是艺术家在艺术实践中所形成的鲜明的个性特点，其风格揭示了艺术家的审美观念、精神面貌等内心世界。速写的艺术表现也需在不断实践的同时，注重审美能力和鉴赏力的培养，提高自己的眼界。鉴赏是包含一定评判的欣赏，是借助文化艺术修养发现美、品评美的能力。当今，守住速写这条写生底线，应是画家一生的"作业"。经常性地回归到黑、白、灰的世界里，运用简单又熟悉的绘画语言及基本形式要素，在不同时期不同艺术家的手下，便产生了不同的对艺术和生活的理解与感悟。一方面，越是简单的内容与形

图3 （荷）梵高速写

式，越激励人去积极探索各种表现的可能性；另一方面，成熟者容易去思考那些司空见惯的问题，在限定中想的比画的要多得多。同样是面对一个"点"的概念，一代宗师黄宾虹描述道："积点可成线，然而点又非线，点可千变万化，如播种以子，种子落土，生长成果，作画亦如此，故落点宜慎重。芥子园中论画点，似嫌过板，法宜活，而不宜板，学者应深悟之。"① 对于"点"的运用，在中西造型艺术的表现形式中有它的特殊地位。从各种材料的镶嵌画到印象派修拉的点彩画法，"点"的形态语言构成，艺术地反映了客观物象，表达了作者的情感和观念。绘画中点的语言表达不仅是一个技巧问题，更是一个认识问题，所谓"画龙点睛"、"万绿丛中一点红"便是对点的完美理解和运用。而"线"在东方绘画艺术中有着重要的地位，人们称中国书画是线条的艺术。在中国书画艺术中体现了线条的无穷魅力，线条的运用寄托了艺术家太多的思索和追求。线是中国书画艺术的载体，从速写的角度看，没有线就没有速写。至于"面"则是线的移动轨迹和点的聚集。与线的形态所具有的多样性一样，面的形态也具有形式多样性的特点。面在速写中体现物象在空间所占的面积，如建筑物象的体积是由不同的块面所组成，画中的物体因距离的远近产生面积的大小、虚实等变化，面的收缩可形成点的视觉效果，而面与面的相交、相接、相邻等关系状态，又会产生新的更大的团面。另外我们如果将画面空间中的形象看做实的面，那形象的衬底就可以认作虚的面。同时对画中"面"的大小位置的划分与组合，应以虚衬实、虚实相应，这是速写特别是建筑与环境速写构图时要考虑的关键因素之一。

中外许多知名画家为我们留下了大量风格迥异的速写精品，使我们从中领略到速写所具有的生动而丰富的艺术表现力，透过作品强烈的生活气息，感受画家广阔的艺术视野，以及将娴熟的技法融入个人的艺术情感与思想的表达之中。欣赏这样的作品，在思想上会产生强烈的共鸣，无疑是一种艺术的享受。

（二）中西绘画的写生观

1. 中西方绘画审美取向的不同

传统的中国画艺术与西方的写实性绘画都十分强调生活是艺术创作的源泉，有所不同的是，虽然古时的中国画艺术也重视"写生"，但中国古代艺术家的写生观念更多强调的是目识心记以及默写，自唐代张璪提出"外师造化，中得心源"之后，该名言就成为中国历代画家的座右铭。"造化"指天地、自然万物，"外师造化"就是拜自然为师，山水画家在创作山水画时，首先要师法自然界的真山水，感悟自然的变化，更注重主观情感与客观景物的交融及自然景物的体察，通过思考、提炼、加工、取舍形成艺术上的创造性。在北宋画论《林泉高致》中更加深化了"外师造化，中得心源"的理论，指出学画山水者"盖身即山川而取之，则山水之意度见矣。真山水之川谷，远望之以取其势，近看之以取其质。真山水之云气，四时不同：春融冶，夏蓊郁，秋疏薄，冬黯淡。画见其大象，而不为斩刻之形，则云气之态度活矣。真山水之烟岚，四时不同：春山澹冶而如笑，夏山苍翠而如滴，秋山明净而如妆，冬山惨淡而如睡。画见其大意，而不为刻画之迹，则烟岚之景象正矣。真山水之风雨，远望可得，而近者玩习不能究一川径隧起止之势。真山水之阴晴，远望可尽，而近者拘狭，不能得明晦隐见之迹。"[②]在此郭熙强调了置身自然中观察客观物象，感知物象之意蕴神态，并通过不同季节对自然形态进行全方位了解，熟悉其变化规律和属性特征，这是一种对自然之态审视、思考和比较的过程，是细致、完整、准确的观照之法。

五代时期的画家荆浩，则在创作中践行师造化的过程，他长时间隐居太行山的洪谷，深入观察古松怪石，所著《笔法记》中提到松的形态，"中独围大者，皮老苍藓，翔麟乘空，蟠虬之势，欲附云汉。成林者，爽气重荣；不能者，抱节自屈。或回根出土，或偃截巨流。挂岸盘溪，披苔裂面。"③对此，画家"因惊奇异，遍而赏之。明日携笔复就写之，凡数万本，方如其真"。明代画家王履以"吾师心，心师目，目师华山④。"道出了对"外师造化，中得心源"之理论的继承和发展，王履提出：不应局限于临摹前人的古法，画家应师造化，到自然中去感受真景象，寓情于形，将个人的情和意与形象的表现相联系，将自然之象升华为画者思想情感的一部分，自然的物象通过融入画者的理想和艺术加工，方能有画中的神似，这也是成就山水大家的必由之路。

从以山水画为代表的中国传统绘画来看，画家的艺术实践都遵循师造化的创作方法，而中国传统绘画的"写生观"应称为"师造化"，更多的是在对自然物象的感悟。在观察思考的过程中，强调画者的主观情思对客观物象的认识和反映，是源于自然又超越自然的思想感情的表达，描写的过程远不及思与悟的意义重要。傅抱石在中西绘画比较时曾说，"中国人的写生写实，是看做学画的基础，目

图4 （北宋）郭熙《窠石平远图》

图5 （明）王履《华山图》

5

的在于写意，而不是把写实当做绘画的最高境界，只是一种手段。"⑤所以追求写意的中国山水画，师造化的目的在于作者情感的挥洒，是理想的展露，也是品格的体现。此外中国绘画在写实基础上"针对不同的主题内容提出不同的基本要求，对于花卉、翎毛的要求是"写生"，对于山水的要求是"写意"，对人物的要求是"写真"（即"传神"），这"写生"、"写意"、"写真"的三个"写"字，就生动具体地说明了中国绘画优秀传统表现技法的卓越成就。"⑥

西方绘画的审美观体现出中西方对待自然的不同态度，著名英国艺术理论家贡布里希指出，西方"艺术家似乎在急不可待地超越他们的前辈和师长，他们还经常运用科学的知识——例如透视法的发

现——去改善模仿自然的技术"。⑦这里提到"科学的知识"和"模仿自然"两个关键词，正是西方艺术了解、认识和征服自然的道路与手段。西方美学思想重要的奠基者亚里士多德将诗和绘画、雕刻、音乐、戏剧等统称为"模仿的艺术"，从古希腊到文艺复兴时期的艺术讲求与科学的一致性，"画家就致力于研究透视法、解剖学，以建立合理的真实的空间表现和人体风骨的写实。"⑧在与自然的对立和抗争中，写实艺术成为西方画家真实再现自然形态的手段。西方的写实艺术影响深远，直到19世纪摄影术的诞生和冲击，以及印象派的求新变革，引发了绘画探索的革命，从而开辟了艺术的新天地。

2．中西绘画观察方法的不同

中国山水画的观察方法讲求"以大观小"和"以小观大"，五代荆浩在《山水节要》中说："意在笔先，远则取其势，近则取其质。"就是运用"以大观小"把握山的总体气势，不受客观的视角所限，发挥想象力，集自然山川方方面面之象于胸，这样在绘画创作时冲破自然透视的束缚，使画面构图的布势或取势更加自由，加强了山水的雄伟气象。而"以小观大"体现为"近则取其质"，将细小细微的事物精准地概括其质，只要用心关注，一花一草皆具神韵。创作中"以大观小"和"以小观大"之法常结合运用，

图6 傅抱石速写。20世纪60年代初，傅抱石积极组织了国画写生团，热情讴歌新中国的建设事业，同时也促进了当年中国画推陈出新实践活动的热潮，影响广泛。

既能体现一目千里的山水纵横之势，又可将山水间行旅的舟车、人物刻画得细致入微。

北宋画家郭熙在《林泉高致》中对山水画的透视法总结为"山有三远：自山下而仰山颠谓之高远，自山前而窥山后谓之深远，自近山而望远山为之平远。高远之色清明；深远之色深晦；平远之色有明有晦。高远之势突兀，深远之意重叠，平远之意冲融而缥缥缈缈。其人物之在三远也：高远者明了，深远者细碎，平远者冲淡。明了者不短，细碎者不长，冲淡者不大。此三远也。"⑨之后又有韩拙提出的另外"三远"："……愚又论三远者：有山根边岸，水波亘望而遥，谓之阔远；有野霞暝漠，野水隔而仿佛不见者谓之迷远；景物至绝而微茫缥缈者谓之幽远。"⑩这就是中国山水画的"六远"说。

当代国画理论家王伯敏先生将中国山水画的透视研究总结归纳为"七观法"，即步步看、面面观、专一看、推远看、拉近看、取移视、合六远。"七观法"更深入细致地论述了山水画的观察方法，由此可以看出中国画的透视法使画家在表现上获得极大自由，将高山长河、世间万象等汇聚到一个画面上来，具有"咫尺之图，写千里之景，东西南北，宛而在前"之感，如同现代全景式构图。同时在一幅画中，善于运用多种透视，它可以是平远与深远或高远与深远等的交错，并且根据需要有的地方可以近瞧细看，有的地方则远眺或鸟瞰，有仰视所见，也有俯视所观，画面从各种角度的变化中，反映了事物的整体面貌。于是，高山流水，层峦叠嶂，浩渺江河，各种景物有机组合，达到画面全局效果的和谐统一。

中国画的透视法，源于中国人的宇

图7 （北宋）范宽《溪山行旅图》。高远表现法的代表作之一。

7

宙观和认识事物的方法，也就是中国人寻求的"道法自然"与自然和谐共处的思想。在艺术创作中，"道法自然"并非现实生活的真实再现，而是作者借助某种方式来表达个人情感，寓情于景，是主观与客观、现实与理想的交融。中国画家所要求的是以有限的画面表达无限的理想空间，而不是对自然的简单模仿，中国传统绘画中表现空间的透视方法，可以概括为以多视点的透视为主。用多视点透视特色来概括传统中国画的构图取景问题，便于我们认识和理解中国画与西方绘画透视的区别。虽然中国初期山水画中即有定点透视法，但在中国绘画发展过程中，定点透

图8 （北宋）郭熙《早春图》。深远表现法的代表作之一。

视终究没有形成像西方那样的严谨透视体系，原因在于，中国的艺术家向来以追求形象表现的"神似"和画的"意境"为至高境界，并不拘泥于形似。多视点也可称多点透视（或散点透视），视点具有移动性的特点，视点的位置可根据构图的需要而移动变化。而多点透视的特色正符合中国画家的表现需求，它打破了定点透视的束缚，画家的视线能在空间中自由转换，可以近看详察，可以登高远眺，使得画面有了探索更多表现形式的可能性，使画家有了可以自由抒发情感的空间。

西方的透视法成熟于文艺复兴时期，那一时期许多画家都致力于透视的研究。绘画中透视法的运用，使所表现的人和物更具体积感、空间感，打破了中世纪绘画的平面呆板、僵化的表现形式，同时推动了透视学作为一门科学的发展，为透视学体系的建立作出了贡献，从而奠定了西方绘画沿用几个世纪的透视的规范和标准。相对于中国的散点透视，西方的透视法则是一种固定视点的焦点透视。焦点透视具有严谨的逻辑性，追求以写实的手法"真实"地反映客观世界，如达·芬奇所说，"镜子为画家之师"，绘画要像镜子中看见的自然物。这种固定的观察方法通过反映被观察对象的某个体面（或几个面），就是从一个固定位置上去看物象的形状如何，来表现物象的全貌。西方透视

法对于空间的概念，是几何空间模式，即科学的空间，基于此，达·芬奇将透视学与绘画的关系分成三个主要部分，"第一部分是缩形透视，研究物体在不同距离处的大小。第二部分研究这些物体的颜色的淡褪。第三部分研究物体在不同距离处清晰度的减低。"⑪这三种透视也就是线透视、色透视和隐没透视。对此，简单地说，如观察行道树或电线杆等大小相等、距离相等的排列物体，会感到物体依次按比例缩小，等距离的铁路线越远越并拢，最终交汇于一点；物体离视点渐远时看起来轮廓形状产生了变化。这些都可视为线透视。再看色透视，是指颜色离视点远近所产生的视觉距离变色研究，而隐没透视则指物像越远明暗对比越弱清晰度越减低。同时西方的定点透视法是与人的视觉规律相适应的成像法，"是关于肉眼功能的彻底的知识"，⑫是根据人的视觉器官功能来研究分析真实再现客观世界的方法。西方这一传统透视方法，从后期印象派画家那开始受到了挑战，我们可以从如塞尚、梵高的作品中看到，它们不再是严格固定视点的焦点透视和色透视的视距变色，取而代之的是视点的不固定和弱化远近浓淡之分，代之十分饱和强烈的色彩组合处理。至于后来的立体派、未来派和构成主义等则完全摒弃了传统的透视法，使绘画从此进入一个更广阔的表现空间。

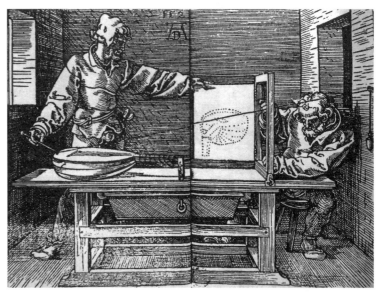

图9 （德）丢勒《画家画曼陀林》。形象地展示了透而视之的写生方法。

3．时代的变革与速写的目的性

传统的中国画论体系中并没有"速写"的概念，但水墨"写生"与我们所说的"速写"并没有本质的差异，明确以速写的方式对景物写生，进行创作素材的收集、整理、构思则源于西方的写实造型艺术体系。

19世纪中叶，西方列强的坚船利炮轰开了中国的国门，长期的封建专制统治和闭关锁国政策严重地阻碍了中国社会的发展，使中国在安享"天朝大国"的自傲时，实际上已远远落后于西方新兴的资本主义国家，随着两次鸦片战争的失败，中国这个东方大国沦为半殖民半封建的社会。列强在进行政治军事侵略的同时，也伴随着对中国经济、文化、宗教的入侵，古老的中国被迫重新睁眼看世界。从洋务

图10 （西）毕加索作品

统文化的价值产生质疑。20世纪初，经过变法维新和辛亥革命民主思想的传播乃至新文化运动思想解放潮流的影响，更多的立志科技、文化救国的青年人纷纷踏上出国留学之路，在这种救国、革新的社会热潮中，艺术的变革途径也是探索的目标之一。

封建社会末期僵化的思想观念，也使中国的绘画不可避免地失去了以往的创作精神和表现活力，陷入精神萎靡、泥古不化的境地。维新运动的主将康有为在游历西方十多年后曾批评清代绘画是"中国学画至国朝而衰弊极矣。岂止衰弊，至今郡邑无闻画人者。其遗余二三名宿，摹写'四王'、'二石'之糟粕，枯笔数笔，味同嚼蜡，岂复能传后以与今欧美、日本竞胜哉？……如仍守旧不变，则中国画学应遂灭绝。"⑬虽然康有为的抨击有失偏颇，但这是出于他想振兴画学，并提倡学习欧美和日本绘画之长处的强烈愿望，抨击的言论也是那个时代革新思想的一种反映。在重视文化、艺术之社会功能作用的思想指导下，艺术的改造与振兴就不只是自身兴衰的问题，有抱负的知识分子将其与思想的解放和国家的命运相联系，新文化运动中陈独秀提出"美术革命"的口号，认为"若想把中国画改良，首先要革王画的命。因为改良中国画，断不能不采用洋画写实的精神"⑭。这时期各地新

运动提出"中学为体，西学为用"，也是在维护封建专制和传统道德观基础上学习西方的科学技术，这就注定了洋务运动具有局限性，它不可能改变旧的封建体制对中国社会的束缚这个根本问题，但洋务运动起到了对陈腐教育体制的触动作用，新式学堂的尝试也使国人在对西方科技、文化先进性深信不疑的同时，回过头来对传

式美术学校和美术社团相继出现，这也成为在艺术领域提倡科学，学习西方进步文化，反对封建保守思想的重要组成部分。发展美术教育与学习西洋的写实主义绘画，以科学的方法改造传统绘画等都是这一时期艺术方面所提出的主要论点，同时前期留学归来的许多画家都积极投身这场"美术革命"，虽然他们的许多实践和创新探索在当时还不成熟，但有一点是至关重要的，就是以科学的方法为基础的写生作画，确立了写生是掌握西方写实造型能力的有效途径，速写就是一个重要的手段。艺术家无论在自己的创作实践中还是以新的教育方法培养年轻的一代时，对照客观物象的写生描绘，都是体现绘画变革以及时代精神的重要标准，速写的语言在他们的各种工具材料的写生作品中展露无疑，在中国20世纪绘画史上一些著名大家的早期绘画创作都受西方写实主义的影响并与写生息息相关。这其中无论是油画、水彩或水墨写生，速写的观念已经确立，速写成为这批艺术家学习西方写实绘画后，与中国式的古老"写生"相区别的现代写生方式，以及创作的辅助手段。

至20世纪30年代，艺术家们重新思考中西融合的问题，从以往的激进、单一的主张，回归冷静、多元的分析，这当中不管对于学习借鉴、传统继承等问题争论

图11　高剑父是中国早期的留日学生，岭南画派的创始人之一，注重写生，主张以写生手段变革传统中国画的摹古之风。

图12　刘海粟早期的油画写生作品。

得多么激烈，对写生和速写的作用，认识上却有着许多相同的观点，正是由于这一代艺术家的努力，打下了中国美术及美术教育中速写最初的基石。从此，在中国近现代史上，速写成为艺术家记录生活和收集创作素材的重要手段，同时艺术家将速写直接作为一种独立的艺术表现形式，速写的功能作用得到提高，它反映出艺术家对社会的责任感，展现了那个时代的特有情境和思想。

图13　丁聪20世纪50年代的速写，展现了那个年代特有的劳动、生活场景。

1958.7.7.

（三）造型体系的基础课题

在中西方艺术教育体系中，对于写实性绘画，实景写生是一项基础性练习，教学中速写一般就特指对素描中快笔挥就的一种作画方法，这就使速写在要求和方法上与素描有了一定的区别。不过素描与速写从来没有明确的划分和界定，速写与素描相互间的交错性和模糊性才是两者的基本实质。艺术教育体系中速写成为记录生活、提高造型能力的重要手段，是造型艺术学习中要做的基本功课。

基本能力的培养。首先培养初学者的观察力，要善于用自己的眼睛去发现生活中的美，并通过观察客观事物，准确地把握其形态的典型特征。观察力的培养是一个人认识客观世界、进行艺术创作的基础，同时对客观事物观察的能力，也是构成每个学画者造型能力的要素之一。观察不只是单纯的视知觉问题，它包含着关注、理解和思考的成分，人们看到的东西不等于观察。日常生活中常见的人和物，在不关注的状态下没有多少深刻印象，例如你接触的人着装的品牌、你走过楼梯台阶的个数，甚至常用的一些电话号码，不留心时就不会有完整的印象。可见观察是有目的性地看，是一种记忆，而观察和观察力之间关系密切，长期认真全面的观察可以使观察力得以提高。人的观察力是建立在正确的观察方法基础上的。掌握适当的观察方法，对写生创作是十分必要的。第一，全面观察。从各个面和不同的角度观察物质形态，求得对该形态的全面了解。第二，重点观察。在全面观察的基础上，有目的的对形态的局部细节做重点关注。第三，对比观察。当面对多个形态时进行有比较的对照观察。第四，组合观察。在面对复杂多样的形态时，注意观察其特点，找出共同点或近似点及规律性。以上列举的几种观察方法不是独立的，应该是写生观察事物时的综合方法或注意的几个方面，根本目的是培养提高学生敏锐

图14 （意）达·芬奇速写。

图15（俄）列宾速写。

地准确地把握事物本质特征和重要细节的观察能力。另外需要指出的是，学生平时的艺术修养和知识经验的积累，也是提高观察力的重要因素。因为一个人的观察能力总是和自己已有的知识经验相联系。良好的观察效果与知识经验是相互依存的，经常对事物观察使我们获得了知识，而丰富的知识又提高了观察的能力。这也是速写的基本任务和目的，能练就一双在常人看似平常的事物中发现美的眼力。

其次造型艺术创作离不开娴熟的表现技法，特别是写实的绘画作品，对技法的要求更高，作品的品质有时就是由技法的高低所界定的，尤其是习作更是如此。速写同样需要熟练的技法，无论你对客观对象有多深的理解和有多高的艺术理论修养，手头表现的功力是实实在在的，藏不得半点虚假。速写是要经常性地练习的，用"熟能生巧"形容速写练习十分贴切，一切的感受与理解、观念与情感，终究要落到笔端，展现于画面，没有一双勤奋和熟练的手是不行的，要经常去写生。这就是速写的基本要求之一。

古人认为"心"是用来思维的，人的精神活动与心相关，因此心是思想、情感的代称。在中国画论中，常以"心"论述艺术创作与生活的关系，如"心师造化"、"应目会心"、"外师造化，中得心源"等等，都是讲注重生活体验，以生活为源泉，通过在心中的加工、提炼而进行艺术创作的过程。法国画家米勒曾说，绘画是一个和谐的动作，不仅需要画家的眼睛和手，而且需要他的身心——想象、思索和记忆。我们现在也强调要培养学生手、眼、心三位一体的基本绘画素质。人们常说做人要简单，做事要用心，我们所说的"用心"首先是指一种对待学习的态度，其次是一种积极向上、善于思考、不断求索的精神。绘画是如此，想要做好其他任何事情也是如此。在速写的学习中，"用心"一方面是指认识速写的重要性，培养对速写的兴趣，养成经常画速写的习惯。在平时生活中要常用心去"画"周围的人和物，同时在实践中要善于思考，发现问题并积极寻找解决的正确方法；另一方面是要有明确的目标，制订系统的计划和措施，针对速写的表现技法和理论知识进行细心揣摩、加深理解。速写需要经常性的实践积累，才能从中"渐悟"到艺术表现的真谛。所以画好速写最根本的一条是用心。

对各种生活场景的记录，体现了写生的表现意义与特性，速写不只是画者记录一种场面，以及积累素材和提高技能的手段，更作为一种艺术表现形式，体现了客观物象与主观因素相结合的统一性。例如建筑速写源于对不同建筑的写生，但不是机械地记录场景，而是画者对周围环境的观察、感受、思考后的表现过程，所表现的是具有激发写生创作冲动的形象，是对现实物象概括、提炼、加工后的艺术作品。作品表现了画者的情感、观念和审美趣味，是感情与景色交融的记录。正如艺术理论家所言，"绘画是一种积极行动，所以艺术家大抵是看到了他所画出的东西，而不是画出了他所看到的东西。"⑮速写一定程度上显现了画者的艺术素养和才能，以及协调客观形式与主观感受表达之间的能力。任何技法的运用都为这种主

图16 （英）保罗·荷加斯速写。

15

客体之间的关系服务。技法只是一种手段而不是目的，何况速写的表现形式直观、简洁、易懂，技法上不存在高深的难度。而能通过速写表达思想、抒发情感，则是画者成熟的标志。

建筑与环境构成我们生活的空间，对各种生活情景和各类空间环境的写生记录，体现了环境与人、建筑与环境、人与物等综合关系的表现，所以建筑和生活环境速写具有综合性的特点，而不是单一的表现内容。以建筑为对象的写生，还有助于加深对建筑文化的理解。虽然建筑速写不是说具有一定建筑知识才能画得好，但是常画建筑速写有助于增加对建筑的了解。建筑空间形式多样，内涵丰富，特别是居住空间与人们的生活密切相关，以我国传统民居为例，不同民族、不同地区、不同时代的民居，都有着自己鲜明的艺术风格与特色。传统民居不但有悠久的历史，而且还记载了一个时代的经济文化发展，一个地区的生活习俗状况，一个民族的宗教信仰情况等等，因此民居的价值是多方面的综合体现。通过速写也有助于增强画者对传统居住文化、建筑艺术的认知。

二、建筑篇——民居侧记与速写

建筑速写因其表现的主要对象是建筑和由建筑物存在而产生的内外空间环境，而这些又是静止的和由相对规范的几何形态组成，在表现时首先应正确理解速写的含义和目地。速写一是指在短时间内用简洁、概括、准确的线条塑造出生动传神的艺术形象，同时还包含对生活中美的形态敏锐的感知和观察力。速写不是只强调快，速写本身就分快写、慢写和默写等类型，只草草几笔小构图的速写不是建筑速写的全部意义所在。在建筑速写时不应像旅游团那样每到一个景点匆匆留个影，走马观花记录场景，建筑速写强调的是"写"，而且是表达具有一定情节意义之上的"写"，是一种触景生情的有感而发，如同一气呵成的一首抒情小诗。建筑速写人人能画，但画好需要一定的积累。一个人的速写如同一株小草，往往引不起人们的注意，众人的速写汇集在一起，就是一片绿地，小草成不了大树，但绿地是基础，有时更具亲和力。

（一）皖南民居纪行

安徽的皖南地区，古称徽州，区域内山峦叠翠，溪水绕村。当地独具一格的村落风貌，记载了古徽州发展的文明史。明清时期徽商的崛起为当地民居建造提供了雄厚的经济基础，而当地的民俗风情、宗法等级、风水思想、社会信仰等都充分反映在民居建筑文化之中，并直接影响着民居建筑的风格与特色，使皖南民居具有鲜明的徽州古老文化色彩。徽州的历史可以追溯到秦，自那时置黟、歙二县起，至隋代设立歙州辖黟县、歙县、休宁县、婺源县、祁门县、绩溪县等六县，形成古徽州的格局。北宋宣和三年（1121年）改歙州

图17 皖南黟县宏村

图18 以往村中对每日水圳的使用都有规定，洗蔬菜、食物和衣物等都有固定的时间，避免了相互污染，体现了和谐共生的需要，至今居民仍然习惯于在水圳中洗涤。

引入村中，溪水通过开凿的水圳曲曲弯弯地流过村民的房前，最后汇入村中心开挖的半月形池塘——月沼中。水圳、月沼，加上明万历年间村南凿挖的深数丈、面积达百亩的池塘——南湖，构成宏村特有的人工水系。关于南湖，清代当地文人曾以"万山深处隐澄湖，湖上烟花似画图。一片鸥波迷浩荡，四时虾菜未荒芜"⑯来赞美它。南湖不仅是宏村人工水系的重要组成部分，更让宏村显得愈加灵秀。完整、合理的人工水系，使宏村人以此解决了生活用水、防火、灌溉等问题，也使宏村因水得景，水圳两侧的人家多引水入院，庭院池塘碧水映屋，临池观鱼赏花，更添一份生活的惬意。

宏村还有另一称谓"牛形村"，这是因为古老的宏村是按当地的地形水势，从风水说的角度进行规划建造的。农耕社会中，牛是农户的重要财富，拥有牛也标志着一户人家生活的殷实，再者牛是吃苦耐劳的代名词，世人常以牛的品格来赞誉勤劳和埋头苦干精神，同时"牛气"也是生活蒸蒸日上、红红火火的象征。宏村以雷岗山为"牛首"，村落为牛身，村中的月沼是"牛胃"，弓形的南湖则是"牛肚"，而清水流长的水圳被比喻为"牛肠"，以往村边曾有桥四座，这就是四条"牛腿"，这样整个宏村就如想象的一头牛静静地卧在了自然山水之中。"牛形

为徽州，徽文化开始了在一个相对封闭和固定的区域中延续、融合、传承的历史，形成一个极具地方特色的区域文化。如今以黟县西递、宏村两个古村为代表的徽州古民居建筑聚落，双双被列入世界文化遗产保护名录。

皖南的古民居在村落选址上十分注重因地制宜，选址充分利用当地的地形、地貌依山就势，并能巧妙利用水资源，而且村落建筑布局讲究风水，藏风纳气、负阴抱阳，这方面黟县的宏村就是比较突出的实例。宏村北面有雷岗山，东面有山有水，西面有河流在此交汇，南面是耕地。宏村利用西高东低的地势，将西面的河溪

村"不在于仿生的形似，重在体现了宏村的先民利用自然创造性地营造自身居住环境的勇气和智慧。

皖南地区现存古建筑多为明清时期的遗存，类型较多，乡村中古建筑主要以商贾官宦大宅，宗教、礼制建筑，园林建筑，民宅等类型组成。民居以楼房为主，平面布局以三合院或四合院为基本形式。三合院由正房三开间的二层小楼加两侧的厢房组成，大一些的合院则在三合院或四合院基础上组合扩展而成，如两个三合院相拼或一个四合院加一个三合院。在多进式院落组合中，每一个天井院落都设厅堂。这种以天井空间为中心形成的内向合院，以及四周围砌的高高的封火墙，是皖南民居的主要特征，也成为我国天井式合院民居的代表。而天井与厅堂的组合，构成了皖南民居最有特色的建筑空间处理形式。

1. 皖南民居的天井

（1）礼仪规范、风水观与皖南民居天井

皖南民居在形式上、功能上是一个时代人们的伦理观在建筑空间中的体现，其宅居建筑体现了男女有别、尊卑有序的封建伦理。围合院落的居室外墙很少开窗，即使开窗，也在二层以上开些小孔洞窗，这样的窗更像瞭望孔，采光就更谈不上了，能兼具些通风作用。居室的门窗都开

图19 宏村中的月沼

图20 天井与厅堂的组合是皖南民居的特色之一，也是一家人日常活动的主要场所。

在天井空间内，形成以天井院落为单元的平面布局，天井为室内外、院内外联系的枢纽。与北方庭院相比，皖南民居天井更高深，更具封闭性，也更显私密性，这种造房理念除为安全防盗考虑外，更有别男女之礼的含意，所谓"宫墙之高足以别男女之礼"。其次，受宗法等级观影响，皖南民居建筑布局也讲求主次分明，"长幼尊卑有序"。前厅堂是家庭礼仪活动的中心场所，而天井的用途之一是为家庭礼仪活动而服务，高深的围合空间产生的聚合感，强化了伦理、纲常的严肃性和不可逾

矩性。天井与厅堂的组合构成了徽文化内涵的沿袭和传承的交汇点，形成民居家庭的中心地带。天井纳天融地，观自然之变于堂前，是天地的象征，也是家长制和封建道德伦理观的体现。

阴阳学说贯穿于中国传统文化的发展始终。《易经》被尊为"五经之首"，风水思想反映在人们的生活空间模式与自然相和谐的关系之中，这也是皖南民居建筑观的基本出发点之一。在当地以天井为单元的建筑空间组合中，阴阳法主要体现为，在形态上四周相围合，外"实"内"虚"形成第一对阴阳关系。而天井与明堂构成前庭主空间，与厢房形成一主一次，构成第二对阴阳关系。在序列关系上，以天井为单元组合有序，较大的宅院按照等级设一个中心厅和前天井，与子系

统中的小天井又形成主次关系，构成第三对阴阳关系。其四，皖南民居院落无论是四合式、三合式，还是多进院落布局，其轴线分明，合院的主厅堂和天井位列纵轴线上。而纵横交织的宅院关系中，纵为主横为次，又构成第四对阴阳关系。

此外，天井四周的屋檐向内倾斜，形成"四归水天井"，含有"肥水不外流"之意。皖南民居高墙、深院、外墙很少开窗，而居室幽暗，有"暗暗发财"之意。在宅居建设中所体现出的这种取风水之意，以达到求吉避凶的目的，同时也是一种生活习俗的体现。

（2）天井的空间美

空间构成元素的美。空间美是建筑美的基本形态之一，皖南民居天井主要是以楼房与高墙围合而成。而以砖木结构为主的二层楼或三层楼建筑中，融砖、木、石三雕艺术为一体，在一切可以利用的部分进行重点装饰点缀，形式多样，内容丰富，图案繁而不乱，组织有序，生动有趣，其中的木雕所占比例最大，形成壮梁、丽柱、美额枋。隔扇门窗或栏板皆精雕细刻，美轮美奂，加之古香古色的建筑风格与频具文化内涵的陈设共同构成了天井空间的视觉艺术美感。

空间形态关系的美。建筑内部空间形态具有多样性的特点，既有区别又相互联系、渗透、融合。在系列空间中更需要整

图21 皖南民居天井中的木雕装饰所占比例最大，集中体现了民居木雕的精湛工艺水平。

合各个空间形态关系的相互转化，以及相邻空间形态彼此间的贯通与限定、衔接与分隔的关系方式，使整个空间序列具有节奏之感、韵律之美，并且赋予空间更多的表现力，给人以更加丰富的空间感受。徽居天井空间形态的构成就具有多重性的特点。首先是封闭性与动态感。皖南民居建筑整体风格内敛、封闭，天井四周的围护体有很强的限定性，天井空间与周围环境在视觉和听觉上有较强的隔离性，形成自己独有的小气候。但是以封闭性为特色的天井空间不是一种消极和静止的存在。这体现在：首先，空间水平方向的封闭性与垂直方向的通透，打破了围合中的封闭和沉闷。其次，天井空间是院落内外的交通枢纽，人流动线具有方向明确和多样性的特点。再者，天井空间内雕梁画栋，使人目不暇接，而自然景物、花鸟鱼石的引进，又为天井平添了几分情趣。加之堂上堂下的匾额与楹联中折射出的传统文化内涵，意味深长，时时给人以启迪。文化艺术在这里构成了天井空间丰富多彩的内容与形式。此时此地，不由得使人产生动态的联想。

（3）空间组合关系的美

皖南民居中天井、厅堂、厢房等各部分之间的空间关系中，既有绝对分隔也有局部分隔，其中前天井与明堂的组合最具特色。天井与明堂的空间关系既有实际存

在的局部限定，又具有空间边界的模糊之感，空间既有相对独立性，又保持功能上的相互依存和视觉心理上的感知效应。天井空间中自然景色的引入，使得人在厅堂宛若置身室外。天井内的水池、盆景、假山与阳光，丰富了厅堂空间的视觉效果，展现了室内与室外、人工与自然的有机融合，因此，天井与厅堂的空间组合是通过心理上对空间的划分来体现的，具有象征意味，这种组合也使得空间层次更富于变化，更显交融性，给人以朦胧的美感和深邃的意境。

2. 皖南地区"三雕"的艺术美

皖南民居建筑融木、石、砖三雕为一体，人称"徽州三绝"。漫步民居，那些坊式门楼、门罩、漏窗上的雕刻，各有千秋、少有雷同，而梁枋、扇门、扇窗等处的雕刻更为精美。三雕的题材内容十分丰富，图案造型生动传神，具有很高的历史文化和艺术研究价值，是皖南民居建筑的又一特色。

（1）砖雕艺术

砖雕，广泛应用于牌坊式门楼、门罩、屋檐、牌坊等处，常与石雕配合使用，工艺手法考究，装饰效果精美。当地所使用的砖雕材料是质地细腻的水磨青砖，据说砖的制作首先要选优质的河泥，然后淘洗滤除其杂质，经多道工艺处理，最后才烧制而成。作为民居入口的形象，

砖雕所构成的装饰造型，极大地提升了建筑立面艺术美的效果。如徽居大门门罩处的装饰性砖雕，往往用水磨青砖做成垂花罩的样式，顶部出挑的屋顶状，并有装饰性屋脊，有青砖的线脚和装饰凸起于墙面，整体如同浮雕般嵌在墙体上，其两侧的垂花柱、门罩的横枋上常雕刻各种装饰图案，内容十分丰富包括吉祥纹样、人物、动物、花卉树木等，而且多包涵吉祥

图22 牌坊式民居大门一般是祠堂和大户人家常用的形式，造型优美、体态高大，具有极强的装饰性。

美好的寓意。大门的另一种砖雕形式是把大门砌成贴墙牌楼的样式，这是一种多用于宗祠等重要建筑和大户人家的入口处的门楼装饰，形式上常做成一间三楼式、三间五楼式，门楼借鉴了牌楼的立面造型特点，整体显得气势恢宏，砖雕技法娴熟，工艺精湛，追求精雕细刻，极尽装饰之能。许多雕刻在有限的面积上，体现完整的故事场景，并且通过近景、中景、远景的处理，使画面富有层次感、立体感，充分展现了砖雕的艺术魅力。

（2）木雕艺术

木雕在皖南民居建筑的装饰雕刻中占主要地位，由于皖南民居室内顶部采用彻上明造，木构架的各部分构件都成了木雕装饰的对象。在不影响其功能的前提下，梁、枋、立柱、雀替、扇门、扇窗、二层楼的栏杆、栏板、家具装饰和建筑物外部各构件，均有精美的木雕花纹图案，木雕造型与内容十分丰富，主要以装饰性吉祥图案为主，兼有历史典故和人物故事，其表现内容和雕刻手法也因建筑部位不同而表现各异。徽州木雕精品随处可见，宏村承志堂被誉为"民间故宫"，堪称徽派木雕工艺的代表作，卢村木雕楼更是号称"天下第一楼"。当地木雕多选用质地优良，色泽和自然纹理优美，易于雕琢的木材作材料，充分展示雕工的精细和建筑装饰艺术的美感，虽历经时光的消磨，至今

图23 古徽州的牌坊体现了封建社会中所标榜的"忠、孝、节、义"等行为道德规范,同时作为一种封建"旌表性"的建筑,因材料的不同又分木质、砖砌和石雕牌坊,黟县、歙县以往石雕牌坊数量众多,其石刻工艺十分精美。

依然光彩夺目。

（3）石雕艺术

皖南民居石雕构件大多应用在牌坊、门罩、门额、栏杆、花窗、照壁上,以及柱础和大门的抱鼓石上。石雕造型与内容,也多为装饰性吉祥和教化类内容。石雕技法包括浮雕、圆雕、透雕等,表现技法娴熟,造型优美。石雕装饰在我国有着悠久的历史,上至两汉的画像石、石阙、石兽,下至宋代的《营造法式》中对石雕技法的总结,均反映了石雕装饰在古建筑中所占有的重要地位。皖南民居的石雕在秉承传统的基础上,又有所创新,形成大气典雅、夸张而不失真、精细而不繁琐的艺术风格。

通过民居三雕艺术,可见古徽州深厚的文化底蕴和雄厚的经济基础,以及三雕手工艺者过人的造诣。

3. 皖南民居的山墙与防火意识

中国传统的古建筑主要是以木构架承重的建筑为代表。作为我国大部分地区的主流建筑类型,木构架建筑有其显著的优点,如抗震性、适应性,取材的便捷性和施工周期短等,但显而易见的缺陷是木构架建筑宜遭火灾。历史上除战乱毁坏建筑外，日常生活中的意外失火也是木架建筑难以长久存留的一个重要因素，所以建筑特别是普通民居，在考虑建房材料、形式、结构时都对建筑的防火性予以特别关注，各地民居都有自己传统的防火措施。

皖南民居建筑也是以木结构为主，而且皖南地区由于历史上不断有外来士族的迁入，人口数量逐渐增加，使原本就建房不易的皖南山区，宅基用地更加紧张。当地古村落中的民居建筑多是相接连片，建筑密度较大，为预防一家失火殃及相邻建筑，皖南民居将房屋两端山墙砌筑得高出屋面，封住里面的木结构，起到防护作用。墙体有砖石实砌的，也有空斗墙和土筑墙，墙随屋面坡度做成阶梯式，上覆小青瓦，黑白分明。每只垛头顶端还装有博

风板，墙头高低错落有致，形态秀美，富于动感，也具有装饰功效，因类似马头，故称"马头墙"，也称封火山墙。粉墙黛瓦的"马头墙"是皖南民居建筑的另一重要特征。在当地除对失火时容易损坏的屋顶加以防护外，对于其他暴露在外的木构件，也一样从防火的角度给予保护，例如有的将院落的板门四周抱镶铁皮边，在门的表面再镶贴一层水磨方砖，有些还对过木外露的两个面也镶贴方砖加以防护等；同时天井、院落中的水槽、水池，村中的水渠等都具备防火的功能。完整的防火体系，既实用又因其所具有的审美价值、环境价值，受到人们的称赞。

随着民居研究不断深入，越来越多的人开始关注皖南民居，特别是对皖南民居建筑与民俗文化的相互融合产生浓厚兴趣。翻开尘封的历史，不断探寻前人智慧的足迹，在今天看来，透过皖南民居体现出的文化现象、生活习俗，浓缩了时代特征、地域特点，民居更是在物质与精神方面体现出传统古老文化的丰富内涵。作为古徽州文明史的遗存——皖南民居，对我们的启示在于，善于利用自然环境条件，敢于创造、突破，以及聚落族人整体的环境意识。

图24 皖南民居高大的封火山墙不仅高低错落，富有韵律感，而且适用的防火性能，也彰显了构筑的科学性。

宏村月沼·2005·5

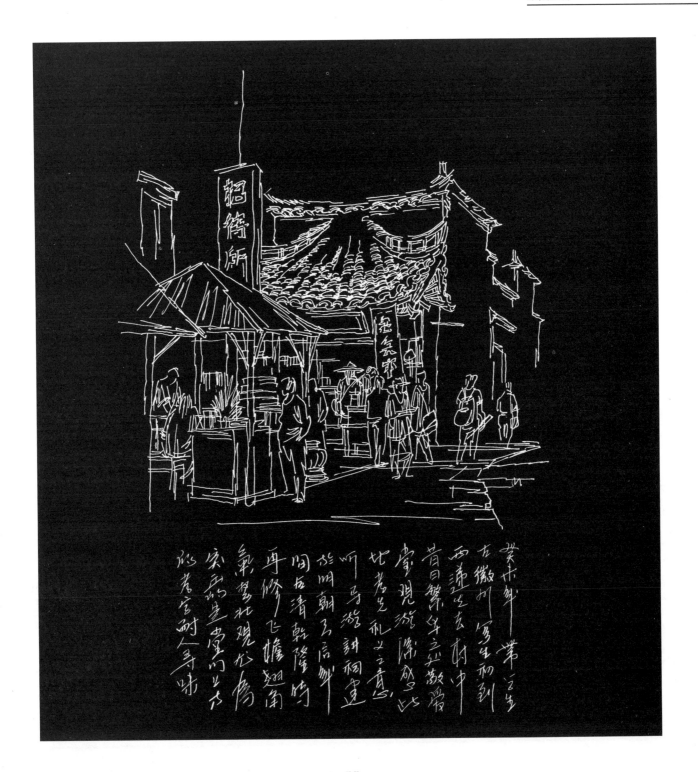

（二）江南民居纪行

"兰烬落，屏上暗红蕉。闲梦江南梅熟日，夜船吹笛雨潇潇。人语驿边桥。"五代词人皇甫松的《梦江南》以清新自然的词句，描绘了江南水乡的夜景，情景交融，格调高远。"江南好，风景旧曾谙。日出江花红胜火，春来江水绿如蓝。能不忆江南。"自古江南美丽的自然环境和迷人的人文景观，吸引无数的文人墨客争相咏歌。

江南民居狭义上指长江三角洲地带，尤以浙北与苏南为代表，这里水网密布，河道纵横，是著名的鱼米之乡。普通的民居临河道而建，形成水路、旱路并存的水乡民居特有风貌。结构上水乡民居为木构架承重，为防热和通风，前后开窗，窗户一般采用多扇的格子窗。两坡水屋顶形式，歇山、硬山顶样式皆有，小天井及建筑空间的合理组合，效能突出，连贯有序，在有限的宅地面积上，充分地利用空间，使功能与形式发挥到极致，变化多样的空间形态，增强了建筑的视觉美感。

图25 江南水乡乌镇，沿河民居凌空建在河道之上，这种枕流而居的建筑形式，体现了人们适应环境、利用地形的智慧，更可感受人与水的亲近。

1. 苏州的周庄

苏州的周庄是最早闻名的水乡古镇，人们来此是想探寻一份水乡小镇的古朴幽静，看看典型的江南小桥流水人家的生活。周庄的秀美，水是重要因素，而桥的作用更使其闻名遐迩。从画家笔下的素材，到中国历史文化名镇，周庄书写了中国水乡游的历史。在长三角这个中国经济繁荣的地区，城市现代化的进程发展迅猛，在都市的身边原有许多像周庄一样闹中取静的水乡古镇。不过随着旅游业的升温，而今的周庄身处闹市之中，依本人的感受，周庄与十年前比，商业气息更浓了，大小特色商店、特色食品充斥街巷。要想领略一份周庄的恬美，需清晨进庄，静静的街道，商家还未开门，整个小镇还处于未醒来之时。晨曦中小镇少了许多躁动，是属于写生者的魅力水乡。

水乡的魅力首先是体现了人的亲水天性，弯弯曲曲的水道连贯成网，人们出入以舟代步。与北方的河流不同，江南的河曲显得柔美平静，它滋润了这片土地，给居住在这里的人们以安逸的生存环境和富饶的物质资源，人们喜欢亲近它，享受它带来的一切馈赠。在水乡，古镇临水而建，房屋户户都有一通往水面的石台阶，这种形式称河埠。一般人家的河埠有靠墙实砌的，有将接近水面的末端台阶做成一较宽的平台便于人的日常使用，也有人

家的河埠一端嵌入墙基中然后悬挑而出，这种河埠显得简洁轻巧，又不占水面；富家大户的河埠则大得多，有些就称码头了。周庄的沈厅建于清乾隆年间，系明代江南富商沈万三后裔子孙所建的大宅，该宅的前部就建有水墙门和河埠码头，供家人来客上下船使用，同时也是货栈，供货物在此装卸之用。此外，沈厅的建筑空间布局展现了灵活多变性和对空间的充分利用，因水乡的街道从沈宅中穿过，所以住宅前后楼屋之间均由过街楼和过道阁相连接，形成水乡民居独特的建筑空间格局。周庄的另一巨宅——玉燕堂（俗称张厅）是为数不多的明代建筑遗存，一条名为"箸泾"的小河穿屋而过，屋后的小河被拓宽成丈余见方的水池，作为船的调头之所。临池的花厅窗前设美人靠，供人凭栏观景。专设的私家河埠，在此上下船十分便利，也为居住者的日常生活增添了一份乐趣，所谓"轿从门前进，船自家中过"就是这种生活场景的真实写照。另外据介绍，这处较隐蔽的水路通道，也是主人以备不测之时逃生的通道。

在周庄，河岸上铺设大小不一的石块做维护，每隔一段距离用石条垒成台阶，形成公共河埠。公共河埠比私家河埠要宽一些，方便那些无法设私家河埠的住户，街边还有一些专留的小弄可直达河埠。公共河埠是水乡妇女们日常生活中聚集的地

方，淘米净菜、洗衣物，一天的生活从这里开始。当地的码头与河埠具有不同的使用倾向，大的河埠就叫码头，常设在货栈、店铺附近，方便乘船的顾客和商家的货物装卸。无论河埠还是码头都形式多样，在河道的驳岸处形成凸凹不一的多样变化。古镇还常见一种立面成"八字型"的河埠码头，石台两侧各建一组石头台阶，台阶的端头紧贴水面，两侧上下独立

使用，互不妨碍。

周庄这座始建于北宋年间的古镇，在经历了九百多年的风风雨雨之后，至今还保留众多明清时期的建筑。古色古香的宅院中，砖雕的门楼随处可见，精美的雕刻艺术体现了苏州地区传统砖雕工艺的悠久历史，与水乡泽国的古宅、古桥、古道、古迹，构成古风古韵的民俗风情画卷。

图26 水乡的河道两侧是临水而居的人家，河道在自然的基础上稍加改造，成为人们出行的水路。

2．同里古镇

江南水乡同里是一处透着水乡灵秀的古老小镇。四面临水的古镇，在历史上成为百姓躲避战乱的世外福地，因交通不便这里保留下许多古老的民俗民风，有大量明清时期的水乡建筑，同里人世代在此享受优越自然环境给予的恩赐，自给自足，乐此逍遥。同里民居临水的一面多有用石条砌成的台阶（河埠）连接河道，沿街的铺面房采用前店后宅形式。镇上的许多街道名称以"埭"命名，西埭、东埭、陆家埭等，据说是自宋代传下来的，沿用至今。"埭"解释为堵水的土堤，从环境看，同里周边湖水环绕，镇中水道交错，都与"埭"密不可分。街与街之间是细窄的小弄，许多小弄只适合一人通行，两人同行则须一前一后，与热闹的街面相比，小弄显得幽静清凉。同里的街道店铺形式自然古朴，常以旗幡式的招幌装点店面，各色招幌随风舞动，营造了热闹欢快的商业氛围。而清晨的河市则吸引了四里八乡的村民纷纷前来，舟船交错、人头攒动，构成当地水乡的一景。

同里的民居基本保存了古老的原貌，择水而居的人家多为一些二层楼房，粉墙黛瓦，屋顶高低错落、相接相连沿河排列充满水乡小镇的特有韵味。镇内有多处过街棚廊，廊檐下多设有茶座或小吃点，人们可以在此歇息和观赏河道中往来穿梭的小舟，同时过街棚廊也为古镇生活的人们带来便利，少了些日晒雨淋，多了些相聚之所。

同里有几处著名的园林式民居和精美的宅院，如退思园、耕乐堂、崇本堂、嘉荫堂等，其中退思园、耕乐堂称得上优秀的私家园林，崇本堂、嘉荫堂中的建筑雕刻颇具特色。此外，这些大的宅院常以石库门形式连接每进院落（天井）空间，开在入口背面墙体上的石库门，造型优美、体量高大，石库门一般是用石料制成的门框，加上黑漆实木的门扇，门楼有砖雕装饰。石库门的砖雕工艺堪称江南民居建筑艺术的重要特色，雕刻精美华丽或古朴简洁都让人印象深刻。人们常说的江南园林，实则指以私家园林为代表的园林类型，它也是民居的一个部分，或者说是将园林和居住结合在一起的大宅院。宅与园相结合体现了寄情、休闲、欢聚之意，是官僚以及文人墨客在纷乱世间寻求精神寄托和修身养性的清净之地，是封建社会中

图27 江南民居普遍的特色，就是粉墙黛瓦。瓦就是指小青瓦，而小青瓦一仰一卧的运用，将复杂的问题用最便捷的形式加以解决，既经济适用，又便于维修，并在一阴一阳的交错中，诠释了古老文化的哲思。

图28 "退思园"取"退思补过"之意，显示了主人退隐之后与自然为伴的心境。

成一环形建筑，别具一格。中庭内园是整体宅与园功能空间的转换与过渡，其建筑有"旱船"、岁寒居、坐春望月楼，该处主要是主人与宾客聚会之所。通过中庭的月洞门进入退思园的花园，园中池水为中心，周边点缀山、亭、堂、廊、榭、轩、舫等，一应俱全。园中一处吸引人的建筑是石舫，似船非船漂浮在绿水之中，似乎正由岸边起航。而退思园建筑的亲水性是江南园林中具有代表性的，是"江南园林中独辟蹊径，具贴水园之特例。山、亭、馆、廊、轩、榭等皆紧贴水面，园如浮水上。其与苏州网师园诸景依水而筑者，予人以不同景观，前者贴水，后者依水"。⑰

退思园岸边的"九曲回廊"串联起园中的建筑，沿着曲折蜿蜒的回廊一路走去，园林更体现出流动的画意。不大的环境、含蓄的表现，充分体现出空间的延伸感。一侧有式样各异的漏窗为装饰，随着步移景换，目光所到之处皆为景致。回廊成为深入园林之中享受美感的重要动线，同时也是构成园林景观的要素之一。退思园在不到四亩的花园面积中，精心设计了九曲回廊、闹红一舸舫、水香榭、退思草堂、琴房、眠云亭、菇雨生凉轩、天桥、辛台，以及桂花厅等多处建筑，这些建筑，布局有致，相互对映成趣，与丽水、假山、花草植物共同营造出一处精巧的江南园林佳作。

闺阁女儿的乐园。在私家园林封闭的空间中，主人努力营造一种富有意趣的环境，除浓缩了自然山水的灵性之外，空间的利用则体现了可游、可观、可居、可思的造园理念。

退思园建于清代光绪年间，主人任兰生系当时安徽的兵备道，该园是其退隐故里后所建。退思园占地近十亩，特色在于宅与园的建筑空间布局，根据地形由西向东依次排列展开，从宅居、中庭直到园林景致，空间布局紧凑，既相对独立又浑然一体。宅由内外两部分组成，外宅从入口的轿厅开始院落空间逐渐开阔，外宅的正厅是接待贵客的主要场所。内宅的"田宛芗楼"是主人与家眷的居所，楼分南北两栋二层楼，之间以上下廊道相连接，形

嘉荫堂、崇本堂的砖雕、木雕十分引人注目，如嘉荫堂门楼的砖雕匾额上为"厚道传家"四个大字，横匾上方刻有"暗八仙"的浅浮雕，手法娴熟、雕工精细；崇本堂门楼的匾额上刻的是"崇德思本"，下侧的罩面枋中间犹如一个倒垂的包袱角，其上的六边形宝相花纹组成的锦缎图案显得十分华丽。此外两堂内的木雕则分布在梁架以及内外装修的木构件上，嘉荫堂衍庆楼内的梁两侧刻着"羲之爱鹅"、"伯乐相马"、"敦颐赏莲"等人物故事。崇本堂建筑的隔扇门窗及室内隔扇的绦环板、裙板处也都有装饰雕刻，裙板处以吉祥花卉作为装饰，其绦环板上则是人物故事或神话传说等内容的雕刻，其中就有《西厢记》、《红楼梦》中的经典情节再现。

同里民居建筑艺术如同一首古老的诗篇，值得细细地品慢慢地读，也唯有如此才能体会其中的许多妙趣。人们来水乡是为找寻一份已逝去的恬淡生活场景，远离城市的喧嚣，不过水乡曾经的宁静生活，随着游客的到来，像许多景区一样，如今也变得躁动起来，显得热闹而紧张。

图29 同里嘉荫堂的门楼，给人以端庄、灵秀之感，水磨砖体的立面与江南民居素雅的风格协调一致。

周庄古镇·2004·

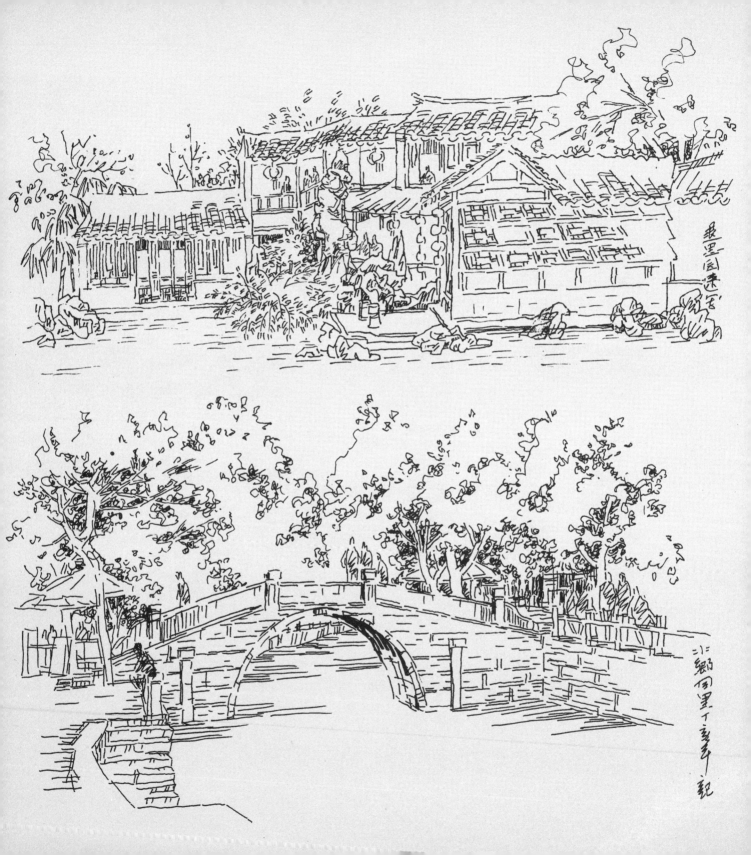

回望 小记

图30 小莲庄的砖雕门楼少了些江南大户人家的精致华丽，显得简洁大方。

3．南浔古镇

据南浔县志记载，"南浔自南宋淳祐季年（1252年）建镇至今已七百四十多年历史。"[18]浙江南浔蚕桑养植和家庭手工缫丝业的历史十分悠久，自明万历年间至清代中叶，随着对桑植养蚕和缫丝技术的不断改进，南浔成为知名的优质蚕丝产地，直接促进了区域经济的发展。而鸦片战争之后，借助比邻上海这个中国最大的通商口岸的优势，南浔跃升为中国近代湖丝贸易重要的集散地，并在当时全国生丝出口贸易中占据重要一席。关于这一阶段的历史，由于"整个中国社会处于封建自然经济逐步解体，资本主义从萌芽到发展

的时期。南浔桑蚕、手工制丝业发达，外贸兴旺，百业昌盛，市场繁荣，从性质上说，已是名噪江南的典型商业性市镇，它以生丝销售为主兼有蚕茧原料加工手工业的丝市专业为特色。清末，史家称'整个湖州城，不比南浔半个镇'，将因商业发展而新兴的南浔与传统古老的行政中心的湖州，作了鲜明对比，也概括地表明南浔镇在湖州府的经济地位"。[19]商业经济的繁荣，成就了当地一批经营蚕丝贸易的商贾富豪，清光绪年间的刘墉就是当时南浔经营蚕丝贸易的富商。南浔镇的小莲庄是刘墉的一处私家园林式住宅，园林的外园部分以十亩荷花池为主构成，沿池绿树成荫，有曲桥蜿蜒其间，并有廊、榭、楼、阁、亭环绕荷池作点缀，景色尽显自然之趣。小莲庄的建筑特色在于庄中不但有传统的木构架建筑，也有西式的砖混洋房，有祭祀祖先的家庙以及石牌坊，也有中西结合的砖砌拱券大门。像这样在私家园林中，多种中西建筑类型与风格样式共存一处的情况，只有在南浔这种特殊的商业贸易背景下才会产生，反映了蚕商受外来文化的影响所表现出的追求时尚与固守传统相纠结的心态。

近代南浔由于其经济和文化处在兴旺时期，当地富商巨贾纷纷置地造园，小莲庄只是其中之一，当地还有多处园林大宅，其中较为知名的有：宜园、东园、适

园、留园。这些园林的一个共同点是，它们都是依据当地自然条件而建的乡间山水园林，造园理念富于创新性，形式不拘一格，风格上兼容并蓄，充满个性，而且园林的占地面积越来越大，其建造工艺更是追求精湛完美。对于南浔的近代造园艺术，童寯先生在《江南园林志》中曾有过点评，"宜园。在镇东，清末收藏家庞虚斋所构。东南角为家祠，西与张氏园第比邻，南半亭榭曲折，北半荷池开朗，别具一格。南浔虽多大园池，无能与此争者。朱祖谋题园额云：'春宜花，秋宜月，

夏宜凉风，冬宜晴雪；景与兴会，情与时适，无乎不宜，则名之曰宜园也亦宜。'况周仪宜园记称：'园主人善书画，精鉴藏。构园之始，规划不经师匠，一树一石，自饶画趣。'殆计成所谓'七分'者也。东园。在宜园西邻，清末张定甫构。有荷池，临水筑阁，曰绿绕山庄。适园。在南栅新开河，清末张石铭构，本明董氏园旧址。园有大池，分内外两部：外园有石山回廊，内园有四面厅土山。玉兰花树为镇中最大者。刘园。在南栅万古桥西，清末刘贯经构。池广称十亩，即古之挂瓢

图31 小莲庄荷花池的岸边，在园林建筑的水榭、亭阁之间还建有西式的小楼，俗称"小姐楼，"中西建筑在湖光绿荫的掩映下相得益彰。

图32 洋楼的客厅内，进口的马赛克拼成的图案绚丽夺目，西式的装修风格配上西式的家具，西方文化的影响已渗透到南浔商人的生活中。

图33 "红房子"中西结合的建筑风格在水乡民居中凸显中西建筑文化互映的效果。

池。园有西式住宅，颇为刺目。北部为义庄家庙。池之南岸，有屋曰小莲庄，人因以名园焉。觉园。在镇南，园中两池南北并列，屋宇又杂用日本式及西式，地大而无曲折。南栅又有刘氏留园、崔氏桃园、梅氏述园。述园为太平战役以前所辟，余则皆清光绪中叶创始也。"[20]

与江南众多的水乡古镇相比，南浔的特色体现在传统的水乡古韵风貌中包含许多中西合璧的建筑形式。传统的宅院外观和高大的围墙内往往隐藏着西式建筑的身影，中西文化在这里碰撞交融，形成别具一格的宅院建筑组合，当地这种中西合璧的建筑形式，多为清末民初所建的大宅院。据记载，蚕丝贸易繁盛时期，上海的"南浔帮"在蚕丝出口贸易中所占的份额，达到上海整个生丝出口总额的一半以上。许多的南浔商人在沪经商，身处中国最大的都市，经常和洋人打交道，对于时尚的东西并不陌生，并且时时受到外来西方文化的熏陶，在长期的接触中，西方文化对南浔的商人的思想观念、生活方式等产生了潜移默化的影响。对此很多致富后的商人，在故乡重新建宅盖房时将这种新的西方建筑文化与传统的建筑风格相结合，所营建的宅第，既保持了传统的建筑样式又吸收了外来文化的精华，为古朴素雅的水乡添加了绚丽的色彩。西式建筑从样式到材料都给人以新的视觉感受，与传统建筑形成强烈对比。西方建筑的红砖房在水乡民居青砖、青瓦的衬托下显得更夺目，五彩斑斓的彩色玻璃窗，花样优美、鲜亮的陶瓷马赛克铺地，铁艺的栏杆、拱券形的门窗、进口的水晶吊灯、欧式的壁炉等等，完全营造出一派西式生活的场景。

位于南浔南东街兴福桥北侧的"崇德堂"就是其中比较有代表性的中西结合的大型宅第。该宅院是刘墉三子刘梯青于20世纪初所建，院落坐东面西，宅居建筑主要由南、中、北三部分组成。中部以传统的江南民居建筑为主体，厅、堂、楼、厢主次分明，建筑用材讲究，高大的厅堂细部装饰精巧华丽。而南、北两部分则是中西结合并具有罗马和巴洛克风格的建筑形式。特别是北部中式楼厅后面的二层西洋楼，该楼红砖砌筑，由主楼和辅楼组成，前后两楼通过走廊相连，前部的主楼正面入口处由三个拱券门形成门廊，拱券门为罗马柱式，但柱头上雕刻的装饰纹样却是中国传统的牡丹花图案。内侧三个对应的房门，每个由四扇镶花玻璃的隔扇门构成，门廊上面是两层中间宽大的阳台。阳台的外立面也做罗马柱和拱券形分隔，下部为铁艺围栏，这样阳台立面与入口的罗马式拱券门上下呼应，其精美的雕饰统一中又有变化，突出了西洋建筑的风格特色。由红砖砌筑的墙体上，窗户的造型也为拱券形，上部的半圆拱形镶彩色玻璃，下部外装百叶木窗；同时楼体在檐口下和腰檐处以浮雕作装饰，浮雕纹样形态优美，如一条醒目的饰带，将建筑装扮得十分秀丽。为保证该西式洋楼正立面统一和谐，本与该楼无关的南侧与北侧墙体，也被处理成"红房子"的建筑立面形式，墙体立面也开拱形窗；特别是北侧墙体，因只是一堵院墙，所以表面设置了纯装饰性的券窗外形。这样通过对两侧墙体的处理，使其在色彩、造型、材质各方面与西式洋楼和谐一致，更增添了该楼立面完美、整体的视觉效果与宏大的气势。此外在红房子的对面、宅第的后部，原先还建有一处网球场，这在当时无疑是十分时髦的娱乐形式，体现了南浔商人对新鲜事物的敏感与包容，以及对时尚潮流的追崇。

该红房子的特点是整体凸显了中西合璧的建筑风格，而不只是建筑细部形态元素的添加。如房屋的正立面采取欧式建筑风格，而屋顶采用传统的歇山顶；平直的花瓦屋脊，小青瓦铺面，山墙则采用封火墙的形式。与普遍使用红砖红瓦的西式建筑相比，总体上"崇德堂"的建造理念贯穿了主人立足传统思想文化，兼容并蓄外来文化的精髓，展现出求新求变的时代风尚，使中西文化在这里得以完美结合。

在南浔古镇的北部，有一处沿河而建的民居建筑群，全长四百米左右，当地称之为"百间楼"。据史料记载，该建筑群

图34 百间楼民居临河而建，房屋倒映在河道之中，天光水色之间更显出江南民居的灵巧与秀美。

始于明代万历年间，不过某些相关的起因传说倒显得有些牵强。原有老建筑因历经磨难早已损坏殆尽，目前保存下来的房屋多为后人在部分清末及民国初期建筑的基础上几经整修而成。斑驳沧桑的民居，临水而建显得灵秀素雅，仿佛又将时光带回以往的岁月，正如清人诗中所写："参差阊阖压溪流，长板桥连洗粉兜。夹岸珠帘风岩漾，春波影泛百间楼。"㉑

百间楼民居以天井为单元，由厅、堂、楼、厢组成。每处宅居一般沿河而建"骑楼"，即将楼的一部分架在道路之上，居室如同"骑"在人行道上。而另一些民居则是将第二层窗户以下的腰檐屋面加大，同样将沿河的路面一段棚起，这样一家一户的骑楼、腰檐连接成一条蔽阴的街道，使居民出行免受雨淋日晒之苦。而且每家棚起的道路沿河一侧常设栏杆椅，这里也是各家各户门前的热闹之处，邻里间经常的聚拢之地、休闲之地。首尾相连的"骑楼"或腰檐屋面都是依靠开在封火墙上的拱券门通达贯穿的，封火山墙高低错落，样式各异，既实用又美化了空间环境。同样，随墙的拱券门没有门扇，只是在墙上开个墙洞，拱券形式形态简洁秀美，沿河的许多券门由此排列成行，构成当地一道独特的景色。

（三）四川阆中民居纪行

初到阆中就被这里绮丽的自然风光和浓郁的传统文化氛围所吸引。古城四面环山，三面临水，奔流不倦的嘉陵江滋润了这里多元文化的形成和发展。三国时期蜀国大将张飞，曾镇守阆中多年，当地至今有明清时重建的桓侯祠（张飞庙），内有张飞的墓亭、墓冢和前后大殿等，民间还有特色小吃"张飞牛肉"。20世纪90年代初，阆中明清以前的城市格局基本还在，以后一段时间内城市建设发展拆除了许多的老街巷。所幸当地政府部门及时认识到古老的城市是历史发展一路走来的珍贵遗存，是阆中独有和不可替代的财富，重新调整了城市发展战略，使古城剩余的明清时期的民居建筑能保留至今，现在，走在老城青石铺就的宽街与窄巷之中，沿街古色古香的店面、两侧瞩目的门楼，会时时引起人们对往昔的无限遐想。阆中的华光楼是一座高大的过街门楼，耸立在古城临江的老街区，该楼重建于清末，原楼据说是滕王（唐）李元婴（李世民之弟）所建的南楼旧址。华光楼共四层，底层是石砌的拱券形门洞，通过门洞可直抵嘉陵江岸；上面三层是木结构，重檐歇山式的屋顶由绿色琉璃瓦盖面，每层都设有回廊，便于人们凭栏远眺。该楼通高36米，十分雄伟，登上这座阆中标志性的建筑，放眼望去古老的民居建筑和江岸的景致一览无余。《滕王阁序》中"落霞与孤鹜齐飞，秋水共长天一色。渔舟唱晚，响穷彭蠡之滨；雁阵惊寒，声断衡阳之浦"的景象似乎跃然眼前。

目前阆中还有许多保存完整的深宅大院，院落及建筑既有北方四合院的结构特点又具有南方（岭南、湖南、湖北等）庭院建筑的特色，之所以如此，源于历史上湖广、陕西等地向四川几次大的移民，南北方的移民将家乡的建筑形式也带入四川。不过受地理、气候条件的影响，各色建筑形式在发展过程中已融为一体，形成具有当地环境特色的川居，体现了民居就地取材、因地制宜的区域特征，也就是与环境的相适应性。总体上，阆中的古老大院的建筑平面布局多体现为具有明显的中

图35 站在华光楼上放眼望去，江山环抱中的类型相同、集群化的阆中民居所产生的美感令人陶醉。

轴线，宅院大多由二进、三进或数进院落组成，而且宅院中往往院中有园，院、园及天井相互交错，形成多样性的空间组合。庭院建筑则包括厢房、连廊、厅堂和"小姐楼"等，屋楼相连，富于层次变化。临街大门多有过厅，过厅常常是人们的聚集之所，在此可"摆龙门阵"，四川当地称谈天说地的聊天谓之"摆龙门阵"。院中建筑的门窗花格雕刻技艺精湛，花式繁多，院中常植树栽花，设池养鱼，整体呈现出远离尘嚣纷扰、凸显古雅幽静的庭院格局。在这种封闭式的空间环境中，往往另有一番天地，置身其间会使人感受到一份久违的恬淡和惬意。

阆中的李家大院据介绍建于明代正德年间（16世纪初）。该李氏家族原籍湖北，后迁移至阆中。宅院位于阆中的标志性建筑之一——中天楼附近，坐北朝南，前店后居，现已兼做旅店。将古院落开发成客栈是阆中古城发展旅游的一种新尝试，当地许多古老的大院都是这样做的。该大院现由三进院落组成，四面围合，左右基本对称，这种格局当地称串联珠式院落。在四川民居中，天井也就是缩小版的小庭院，李家大院中以天井为单元形成有序的空间系列组合，因建筑的间距尺度较近，缩小了院落空间，这样做除去宅地紧张的因素外，天井空间比院落显得更紧凑、更亲切，能形成更多的遮阳处，比较

适合当地湿热的气候环境。李家大院的厅堂为开敞式空间形式，用木板隔成前后不等的空间，前部空间较大，两侧留门，厅堂中只有简单的陈设，厅堂穿斗结构用料大气。第二道天井中的堂屋为两层，因中间部分上空，更显高大，堂屋内主要突出祭祀的神龛。神龛雕刻精美华丽，颇具装饰性。两侧是阁楼，为当时小姐的闺房，二层阁楼前设宽阔的廊道连接左右，也是女儿家凭栏远眺和休闲之处。堂屋前的立柱粗大圆直，一通到顶，很有气派。此外大院内的门窗格心部分样式较多，既有规整的几何纹样，又有变化丰富的人物和植物图形。同时，精美的木雕遍布大院内的梁托、额枋、裙板、家具之上，使得李

图36 敬神祭祖是传统神灵崇拜思想的体现，对民居建筑具有重要影响。大户人家建祠堂，多数人家则设神龛，目的是求吉避祸，满足心理上的愿望。

家大院充满浓郁的川北古民居风韵。

在阆中还有一种所谓"倒插门"的院落布局。这种院落由于是坐南朝北，街门是向北开，由于所谓风水的关系，主人希望宅居要保持坐北朝南的四合院格局，顺应房屋建筑采光、避风之所需，便在宅院内的一侧，重新开辟一条狭长的甬道。甬道从院落沿街的北门进入，尽头是在院落的南面，由南面的大门再进入院落，古城中的蒲家大院就是这种"倒插门"形式的四合院建筑布局。据了解，蒲氏家族的原籍在山西，祖先于明朝中叶入川。该大院座落在阆中笔向街，临街院门位于宅院西北侧，大门左右还建有八字墙，墙呈竖长方形，这也是四川民居与北方民居门前八字墙的不同点，后者往往为横的长方形；

图37 正在建造中的穿斗式木构架房屋，为应对当地湿热的气候环境，阆中民居建筑形式上还体现了瓦顶、大出檐、编竹夹泥墙等特色。

该八字墙是采用一卧一立的空斗砖形式砌筑，这样做自然比较节省。进得大门后还设有两个门，然后是一长长的甬道贯通南北。南端还有一门，出门是一处带影壁的花园。向东再由南面院门进入宅院，所谓一甬四门，也是该院的一大特色。蒲家大院是三进四合院结构形式，前后为花园，进入宅院门后是一过厅，两侧原是厅房和耳房，过厅面对堂屋，中间是一庭院，庭院两侧设居室和书房，现已改成客栈的标准间。该院的堂屋内同样设有祭祀的神龛，工艺精细，风格古雅。蒲家大院目前较好地保留了原有古建筑的风貌，多变的门窗花格样式、优美的雕刻纹样，以及丰富多彩的建筑木雕装饰，构成大院古色古香的氛围，展现了古老民居的原有风貌。

古城的普通民居延续传统的木架结构，其穿斗结构形式外露于墙体表面，特别是在山墙部分，外露的木结构将山墙分割成若干块面，形成有机的线、面组合，对比强烈，条理分明，风格上显得十分简洁明快。古城区房屋连片，密度很大，歇山式屋顶，屋顶交错，四角相连，出檐较大，屋面这种处理形式，主要是为雨天家人活动免淋雨之苦，且防止墙体在多雨的环境中受损。因为许多民居的墙体除槛墙部分外，墙体大都采用编竹夹泥墙，这种墙成本低、自重轻、工艺简单，目前阆中许多仿传统的旅店、餐馆一直在沿用这种结构，只是墙的耐久性差，需要经常维护。在阆中，古老的临街民居都是铺面式，铺面与后宅之间是一处小天井，民居整体空间不大，但利用率很高，显得井井有条。以往富裕的人家往往是带院落的四合院，院落的大门多占一个开间，院门上常绘制门神形象，既有威严的武门神，也有端庄的文门神。现在这种有门神的大门还能见到，只是数量少多了，其中李家大院的大门上就刻有一对鞭锏门神，色彩华丽，造型十分生动。笔者还在古镇一家小酒店的门上看到了门神，一打听是从旧房上拆下来的，看我们有兴趣，店主还向我们一行吃客展示了他收藏的多副有门神的扇门板，虽然老旧些，但依然可见其飘逸的线条、优美的造型，在斑驳的颜色面前，还能感受到当时那绚丽丰富的色彩。

都说阆中人会享受生活，一副扑克一杯清茶，在茶馆一待就是一天。由于气候湿热，夏日黄昏以后，人们多习惯于在古城的路边小吃摊点喝上几杯啤酒，这时的古城称得上是夏日城无夜、街市人如潮。从江边到街区，处处人头攒动，店家个个忙得不亦乐乎，这时阆中的夜晚比白日更喧嚣。

图38 阆中民居老门上的门神与北方贴门神不同，当地门神大都直接描绘在板门上，线条流畅，设色艳丽。

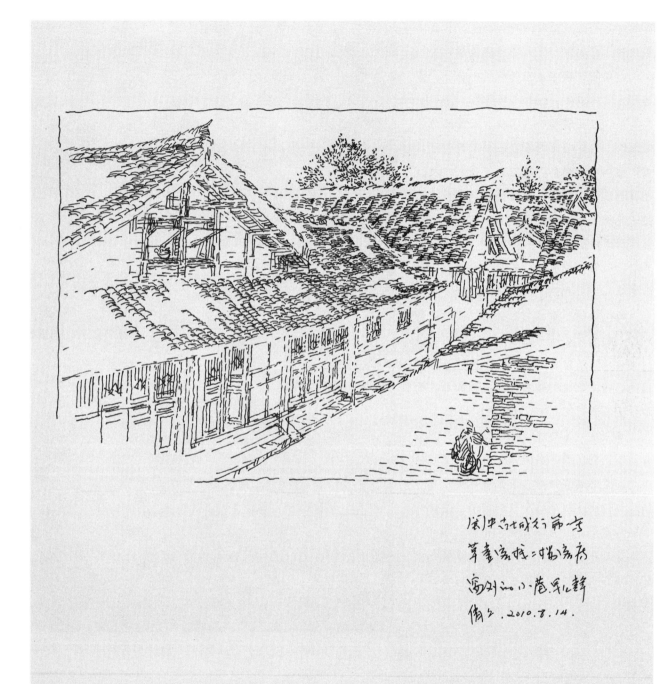

阆中古老街巷. 2010.8.

图中嘉陵江边民居上午将至上午时光将尽时入画面与街道.

山九 3.14.

酒后的天井

（四）福建土楼纪行

福建的土楼主要分布在闽西和闽南地区，土楼因其独特的建筑风格和悠久的历史文化，被世人所瞩目，中外学者称它为世界建筑史上的奇葩。土楼包括客家土楼和闽南土楼，以客家土楼最为著名。客家是汉族的一个分系，历史上西晋以来，中原的百姓因躲避战乱，纷纷南迁至闽、粤、赣等地，这种迁移活动一直延续到明清时期。在长期的历史进程中，外来的中原文化与当地传统风俗在碰撞和交融中发展，形成了独具特色的传统建筑文化。土楼的历史，民间说法是自元代开始兴起，目前现存的土楼为明清和民国时期建造，而且数量众多，形式多样。较有代表性的是圆形土楼、方形土楼和五凤楼等几种类型。

土楼是客家人聚族而居的主要建筑形式，多是用夯土墙承重的大型群体楼房住宅。客家土楼大小不一，如圆形土楼，小的直径十几米，大的直径有八十米左右，楼高一二十米不等。土楼的夯土墙墙脚部分用石块或卵石砌筑，以防水浸，墙体底层部分厚的达两三米，薄的也有一米以上。墙体由下向上逐渐收分变薄，在夯筑时还在墙体中加入长短竹片，称为"墙骨"、"墙筋"，正是由于"墙骨"、"墙筋"的作用，墙的整体牢固性大为增强。据考证，这种传统的夯土版筑技术自殷商时代的建筑中就开始运用，历代有所发展，而客家土楼将这一古老的夯土版筑技术发挥到极致。由于夯土墙面不加任何防护层，所以土楼的屋顶出檐较大，目的是保护墙体免受雨淋。几百年来，土楼是客家族人带有防御性的居住建筑，俨然一座座巍峨的城堡屹立在闽西南的青山绿水之间。土楼虽用土夯筑，但建筑技术高超，十分坚固。

福建的永定县位于福建省西南部，客家人的主要故里之一，区域内有土楼三千多座。其中湖坑镇洪坑村，现存明清至民国时期较完整的土楼几十座。这个地处崇山峻岭中的山村，浓缩了土楼的几种典型类型，具有代表性的为振成楼、福裕楼和奎聚楼。

图39 福建土楼大都建在山区，交通不便、地域偏僻是土楼的环境特点，也因社会的动荡和部族间的争斗，至清末民初当地依然在建土楼。

图40　振成楼无论从形态上、工艺上还是在内部空间的组织上都十分出色，是当地土楼建筑的经典力作。

振成楼是座大型内通廊式圆楼，建于1912年，是由当地出生的民国议员林逊之与族人合力共建，历时5年完成的。振成楼其直径近60米，楼高19米，由内外两个同心圆环楼组成。内环楼是二层砖木结构的建筑，一层作书房、账房和客厅用，二层是卧房。土楼内的大天井中建有祖堂，祖堂的正面采用西式风格的立柱和栏杆，这在传统的土楼建筑中是少见的，反映了上世纪初，土楼的建造者受外来文化的影响，而建成这种具有中西合璧形式的土楼。

振成楼的外环楼墙体是采用传统的夯土工艺制成的，具有很好的防御性能。外环楼为四层，与内环之间又分隔成八个天井，其中四个是弧形天井，天井内外侧是一层的厨房，另一侧是男女浴室等，这是

楼内居民比较私密的生活空间。剩下四个天井中，一个对着正门，另外两个是侧门内的方形小天井，最后一个是后厅前的小天井，这四个方形天井左右两侧有门连接檐廊，由此进入弧形天井的生活区，空间划分得非常明确细致。

外环楼从一层到四层按八卦的方位（与天井对应），将环楼每层分成八段，每段间设砖砌隔火墙，通廊上有砖拱门间隔，木地板上加铺一层地砖，这些都是防火设计，可以说考虑得十分周密。外环楼的一层是厨房和饭厅，厨房前就是弧形天井，二层为粮仓，三层、四层是卧室。传统上圆形土楼的居民每家的房屋都是由这种上下层形式组成，一层统一作为各家的厨房，取柴生火、提水做饭都比较方便。厨房上面各家的谷仓及储物室，因有厨房的烟气（大部分烟顺墙体内的烟道从楼顶排出）等常年熏烤，室内物品也不易受潮霉变。和大多土楼一样，该外环楼的一、二层也没有窗户，这是出于安全和防御的需要。而三层以上的卧房因主要的生活物品和杂物都在楼下，所以显得很整洁。土楼中这种房间的分配方式，也体现了平等、互助、共享的聚居理念，在不安定的环境中生活，只有族人团结一致，维护大家的共同利益，才是生存的最大保障。

振成楼外，两个侧门的入口对面，各建有一座弧形小楼，与圆楼相映成趣，使

振成楼整体别具一格。振成楼以其丰富有序的空间组合变化，以及精湛的建造工艺成为客家土楼建筑中的典范之作。

在洪坑村西北部有一方形土楼名曰奎聚楼。该楼建于清道光年间，依山就势，前低后高。前楼高三层，后楼为四层，两侧的横楼屋顶错落有致，形成土楼起伏变化的外观形象。奎聚楼只设一个大门，进门后依次为门厅、小天井、中厅、大天井、祠堂前厅、祠堂。祠堂是方楼天井内一个由回廊围合成的小合院，外侧有披屋环绕。披屋除了作为浴室、厕所之用外，左右两边各有一开天窗的披屋，内有水井。井在屋内，这在多雨的环境中，为人们取水提供了便利。方楼三层以上为卧室，一、二层分别是厨房和粮仓；底层内通廊为鹅卵石地面，二层以上均以较薄的青砖铺地，两侧横楼的前后连接部分之间，一层至三层同样砌筑防火隔离墙，通廊设置砖拱门贯通。

奎聚楼内最具特色之处是祠堂的前厅，为砖木结构的两层楼阁，楼阁的瓦顶是重檐歇山式，并分别与其后楼二层廊的栏板和三层的腰檐部分相连接。同样，后楼四层腰檐中间部分也做一段对应的小屋顶，使祠堂前厅形成多层重叠效果，与院内层叠的屋檐共同丰富了天井空间的视觉效果。奎聚楼大门两侧有一副对联，上联是"奎星朗照文明盛"，下联为"聚族

于斯气象新"。对联生动地反映了方楼居民世代的聚居生活，以及对美好生活的期盼。

洪坑村的福裕楼，具有当地"五凤楼"类型特点的建筑，"五凤楼"从形式上表现为"三堂两横式"，就是沿中轴线从前至后设门厅（下堂）、中堂、上堂的"三堂屋"。三堂中上堂是主楼，左右还有对称的厢房，是家族中长辈的居所，在整个建筑群中楼层最高、位置最高。中堂既是供奉祖先和祭祀之地，也是家族群体活动以及议事的场所，体现了在全宅中的至尊地位。而下堂的主要空间是门厅，房屋主要是平房，多是佣人居住之所。"五凤楼"的两横是指合院两侧南北走向的房屋建筑，当地俗称"横屋"，前低后高，由四层或三层向前逐渐跌落至一层。横屋

图41 土楼是族人聚居之处，一般在天井院中设祠堂，成为族人祭祖、议事的场所。图为奎聚楼院内的祠堂及小院。

与堂之间还有长天井相隔，堂、横屋、天井构成完整而严谨的土楼建筑类型。福裕楼的变化在于将"五凤楼"原一层形式的下堂改为二层楼，中堂也建成楼房形式。福裕楼的后堂有五层，两侧是三层横楼，这样四边都有楼体高墙所围合，整个土楼更像一座城堡，增强了防御性。该土楼延续了"五凤楼"后高前低、错落式的组合，连贯有序、主次分明。福裕楼前设有一长方形的院落场地，方便居住者晾晒物品。院落紧邻小溪，院门有意斜对院前的溪水，这样处理也许是出于风水的考虑。

此外土楼的厕所设在楼外，这无疑是一种环保的生活方式。

永定有悠久的烟草种植历史，其自然条件比较适宜烟草生长，特别是近代史上客家人种植和经营烟草生意进入全盛期，许多靠烟草致富后的客家人，投入巨资兴建大型土楼，"五凤楼"就是其中的类型。与圆形土楼不同，"五凤楼"体现了比较强的等级观念，主次分明的上下厅堂，后高前低的居住形式，严谨的对称布局等，都是这方面的具体表现。

图42 福裕楼四面的建筑十分高大，具有良好的防御性，同时屋顶造型富于变化，使这座土楼整体上不觉笨重，显得屋宇参差、优美、壮观。

洪坑土樓 2008.

土楼印象·ДЛО58.

（五）窑洞民居纪行

中国古建筑以木构架结构体系、庭院式布局为主要特色，传统民居中也以这种类型的建筑为代表，且分布广泛。但由于中国幅员辽阔，不同的地域环境、气候、风俗也造就了不同的居住空间，形成许多独特的民居建筑，窑洞就是其中之一，具有鲜明的地方特色。窑洞民居主要分布在陕西、山西、河南、甘肃一带，体现了特有自然环境中人们的生存之道和富有创造性的营造成果，具有重要的历史文化价值。

窑洞民居分靠崖式、下沉式和独立的砖石窑洞。靠崖式窑洞最普遍，并以陕

北、豫西等地数量较为集中。靠崖式和下沉式窑洞属于土体窑，这两种样式的窑洞多少都有些远古时期人类穴居生活的影子。靠崖式窑洞是利用当地的自然条件，在黄土高坡的山崖或山沟中掏挖成的窑洞。靠崖窑又分靠山式和沿沟式以及人工开沟掏窑，尤其在山区多建靠崖式窑洞，窑址选在向阳的坡埂处，山体要具备土层厚、土质较硬等适宜条件，一般依山势选择断崖处开凿，也有先将坡处理成崖壁状然后挖壁成窑的。靠崖式窑洞大小不等，尺寸差异很大，一般跨度在2.5米至4米之间，顶部拱形，净高大多3米左右。拱形分半圆拱和尖圆拱，土质较硬的采用半圆

图43 渭北塬上的窑洞。（任晨鸣 摄）

拱，差一些的则采用尖圆拱顶。窑洞深度普通的为7米左右，也有深达10多米的土窑，这种进深大的窑洞，多在中间用木板隔开，形成前后室，前间是寝室，后间当做储藏室。窑洞的立面一般是门窗合一形式，比较固定的形式为门的上部设窗，外加门的一侧或两侧的窗户，这样做是为加强土窑的采光。虽然土窑洞具有冬暖夏凉的优点，而且建造成本比较低廉，适合广大普通百姓的居住需求，但采光不佳，通风效果不好。靠崖窑洞有单体和组合式的，单体的一孔窑洞开口较小，往往要将里面的空间再扩大一些；组合式的如三孔窑，是从中间的窑洞中部再分别向两侧掏挖甬道，然后掏掘成窑相互连通。窑洞内夯土地面，家境好些的为砖墁地，内墙用白灰抹光。窑洞的院落比较简陋，以往许多是用土墙围成的院落，更简陋的以栅栏围之。

中国西北部黄土高原地区因雨水、河流冲刷形成的高地，当地人俗称"塬"，其四边为陡峭的沟壑深谷，顶面广阔，地表平缓，土层厚，它是黄土地区的一种地貌，也是传统的主要耕作地区。下沉式窑洞，俗称"地坑院"或"天井院"等，各地称呼不一。是在黄土塬上挖坑建院，然后再从坑院内四壁上掏挖若干口窑洞。院的面积大小不等，大的可达数百平方米，小的也有几十平方，每边的长度至少6

米，目的是保证相对壁面的采光。此外，院的上口四边要高出地表，做土埂或砌女儿墙防止地面的雨水流入院内。各地一般窑院的人工壁面高6米以上，院内挖有渗井，以接纳雨水，井深约10米，黄土高原雨量稀少，即便遇上暴雨渗水井也足以应付。地坑院的入口有多种形式，常用的是自院外挖斜坡道并通过隧道（有些就是一口窑洞）进入院中，坡道和隧道口的连接处设院门。窑院中的窑洞与崖窑的结构构造特点相同，只是窑院的环境更加隐蔽，院中的各个窑洞使用功能更加细化，一般包括有卧房、厨房、仓库，有的还设牲口房、磨房等。卧室中垒火炕，炕建在房门一侧的窗口下，留出另一侧的进门通道。屋内的主要物品都靠近入口处放置，因为夏季窑内比较潮湿，靠门近些的地方通风好。关于地坑窑院，曾经流传的一首民谣

图44 下沉式窑洞。（马新民摄）

图45 黄土山坡上，窑洞错落有致，立面规整的砖砌墙体、屋檐做女儿墙。图中近处的砖石窑建造工艺更加精良。（刘小军摄）

形容其为"入村不见村，平地起炊烟，车从屋顶过，声由地下来"。以往陕西的渭北、山西的晋南、河南豫西是下沉式窑院比较集中的地区，如今随着生活条件的改善，村民大部已迁出原本居住的窑院，而且自20世纪80年代以后也很少有人新建下沉式窑院了。

独立式窑洞是在地上用砖石或土坯建造的窑洞式房屋，也称锢窑，一般是多孔窑洞连接组成。受土窑的影响，独立式窑洞的内部空间形式也为拱券形，而从外部看建筑的屋面是平屋顶，这是将窑洞拱券的顶部用土填平压实形成的。独立的砖石窑（或土坯窑）建筑，在满足人们生活需求的同时，这种窑洞形式可视为土体窑洞的升级换代版，用现代建筑术语则称之为覆土建筑。此外，独立式窑洞占地面积相对较少，不像下沉式窑洞占地多，所以改革开放以后，富裕起来的窑洞居民，建房时已习惯窑洞生活空间的，则多建独立式的砖石窑。

山西大地上的物质文化遗存十分丰富，其传统的营建艺术在国内独具特色。在山西，独立的砖石窑建筑，以晋中的平遥为代表。现存的平遥古城，其城墙是明朝时期在原旧址的基础上扩建重筑而成的，以后历经明清两朝多次补修、补建，形成颇为壮观的城防建筑，至今保存完好。当地将平遥古城总体的平面视作一乌龟形状，有"龟前戏水，山水朝阳，城之修建，依此为胜"之说，故平遥的别称为龟城。之所以将城市与龟的形体特征相联系，一是取龟有长寿之意，其次是契合古城选址、布局的风水观念的融入。目前已知最早的汉字是甲骨文，就是刻在龟甲兽骨上的文字，同时甲骨也是古人占卜、祭祀活动的重要物品。如在殷商时期，日常生活中大小事皆有求神问卜之风，占卜者将甲骨火烧后根据开裂纹形状来判断分析吉凶，甲骨文就是这些占卜内容和结果的记录。古城平遥东、西、北三面城墙取直，南城墙略有起凸凹进之变化，如龟首伸缩顾盼于河岸，临河流而筑的古城犹如一只前行的龟，面迎阳光，背负希望。古城的主要建筑体现了"左祖右社"、"左文右武"的对称布局，市楼是城内最高的建筑，据说是古时为管理市场而建立。古城的街道分布井然有序，经纬分明，以南大街为中轴线，形成由四大街、八小街、

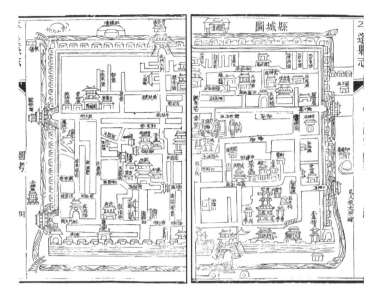

图46 光绪八年《平遥县志》中的平遥城郭图

图47 旧时平遥城内票号众多，商品贸易的繁荣使票商生意兴隆，票号建筑往往特色突出，集功能性与艺术性为一体，成为平遥古城民居的又一看点。

图48 平遥民居中木构檐廊与砖窑相结合, 所形成的建筑立面形式十分独特。

木构架房屋优点于一体的宅居建筑形式, 造价也较高, 只有经济条件较好的人家才建得起。

当地单层的砖石窑洞多与窑前的木构架檐廊相结合, 平屋顶铺墁砖, 檐廊结合女儿墙, 平顶四周的女儿墙增加了使用者的安全感, 也提高了平顶砖窑洞的高度。有些还在房顶后部的女儿墙上再加建风水影壁, 作为一种象征性的砌体, 体现了风水观对当地建房的影响。除在房顶建风水影壁外, 常见的有在屋顶中间靠后部位置建一单开间的小楼, 始称风水楼。风水楼并不住人, 同样是高度的象征或想高人一头的体现。许多屋顶是既建影壁墙又有风水楼。在大的宅院中砖窑上设二层砖木楼房, 形成下窑上楼的组合, 同时在窑的一侧(或两侧)用砖建有可通屋顶的楼梯, 楼梯下面做成一小的储物空间, 并设有暗排水道, 屋顶雨水通过水道排入院内, 这与单坡顶的向内排水一样, 都是讲究肥水不外流。

平遥许多民居为一进四合院, 正房是带木廊外檐的砖窑洞, 两厢和倒座一般均为单坡顶。而商贾大户的宅院包括二进和三进的四合院形式、多进院、组合式院落等。这种高墙深院显得十分封闭, 北屋为正房, 正房是窑洞式民居建筑, 一般为三开间或五开间, 前檐柱廊, 檐下有精美的木雕及彩绘, 门窗大多做成木棂花格, 格心图案构成精美, 做工考究。院落的东、

七十二巷构成的城市街巷基本格局。对于平遥城的空间布局, 今天的人们能津津道出许多相关的传说和典故, 说它像龟背的纹络也好或是八卦图也可, 在此似乎都能找到相应的论据, 从中不难看出古城留给人们太多的回味和联想。

自封建社会后期, 随着晋商的崛起, 平遥城商贸发达、票号众多, 城市居民建造也随之兴盛, 宅居建筑十分考究, 体现了砖石窑洞与木构架相结合的特色。平遥民居的这种混合形式, 反映了当地居住习俗中不舍的窑洞情节。这种集窑洞和

西两侧建有三开间的东、西厢房，厢房是单坡屋顶，也有将东西厢房建成砖石窑形式的。院落比较狭长，以二门为界隔成内院和外院，院落如"日"字形。三进院落的院内则设有三门，院落呈"目"字形，临街的倒座硬山顶、五开间，其中东南角的一间辟为院落的大门洞。从整体上看，院落空间体现了封建的礼仪等级规范，正房也称上房是长者住的，也是院落中最高、最好的房屋；厢房是晚辈居住，开间数少于正房。平遥常见东西厢房使用三间两房两开门的形式，三开间的厢房，中间用墙隔成对称的一间半，既经济又大小适中。而三进院中第二进外院的东西厢房就更矮一些，多是仆佣的居所，倒座（南房）为会客待宾之用，房屋高于仆人的住房而低于晚辈的厢房，当地称这是"客不压主"。

平遥的传统民居中细部装饰精彩纷呈，使建筑艺术的空间效果更具感染力，整体形象更加优美。其门窗式样繁多，形状、大小富于变化，以往岁月中人们用纸糊窗，每逢佳节和喜庆日在窗格纸上还贴各种图案的窗花，营造热烈的氛围。当地的门窗有雕花式的门窗棂，常用花卉和文字图形，造型纯朴典雅，极富装饰性。一般门窗木棂花格样式包括菱花形和方格形等，花格细密、均匀、规整，风格上繁密交错，富于节奏韵律感，因窑洞立面门窗组合后面积较大，整齐划一的轮廓形状与变化丰富的木棂花格相结合，在视觉上更具冲击力，加上檐廊下的穿插枋、花板、彩绘、雀替等也是装饰雕刻的重点部位，使得"窑脸"与"门脸"成为山西民居中主要的装饰看点。平遥的富贾大户人家中，窑洞前檐廊下的木雕、彩绘以及院内的砖雕、石雕构件的装饰等愈加丰富，雕刻形式也就愈加多样，这其中包括高浮雕、浅浮雕、透雕或组合形式的运用，而且展现了娴熟的技艺，各种形态表现无论简繁俗雅皆十分生动，其创造力、想象力、表现力令人叹为观止。

说起山西民居"三雕"艺术，首先山西传统民居十分注重装饰，并具有当地民俗文化传承的鲜明个性。其次，在实际运用中遵循实用性与艺术性相结合的原则，同时注重多种技法的综合表现，使得民居装饰无论是在形式上还是内容上，都与民居建筑高度协调，并创造性地提升了建筑的视觉美感，营造出一种弥漫着浓郁民间艺术文化气息的空间氛围。

"三雕"艺术从内容上看，则显得尤其丰富，有多种题材类别。一是求吉祈福类，体现人们对美好生活的期盼，大多通过图案的寓意来体现，如利用汉字的谐音，以及借物寄情、以物喻人等方法，包括鲤鱼跳龙门、五福捧寿、松鹤延年、丹凤朝阳、喜鹊登梅、麒麟送子、耄耋（猫蝶）富贵、马上平安、三羊开泰和牡丹、菊花、竹兰灵芝、榴开百子等等，充分反映出传统社会中人们追求丰衣足食、安享太平生活的心愿，更是以子孙满堂、福、禄、寿、禧为核心的人生观、价值观的集中表现。二是教化类，如"二十四孝图"、"桃园结义"、"岳母刺字"、"八宝贪兽"等，这类题材宣扬了封建的仁义、道德思想，时时教人忠厚与孝行。三是传说故事类，如"姜太公钓鱼"、"八仙过海"、"鹬蚌相争"等，表现出人们对传统文化的喜爱，以及神话传说、历史故事、寓言故事等给人们生活带来的乐趣。

各地民居是传统建筑中最普遍的类型，山西的窑洞民居是当地传统文化的重要组成部分，受自然条件和特殊的人文环境的影响，形成了自己特有的个性与风格，其发展演变、材料选择、结构功能的改善等都体现了特定时期人们的生活观念，它不仅仅是一个栖身之所，更多的体现了人们的物质与精神需求。

图49 灵石县静升村的王家大院，"三雕"艺术与建筑完美结合，其质量、数量都为山西民居建筑之典范。

古城街景 2007

91

生陕西宁大山村四孔窑洞式民居

  是人们根据山居住类型，根据地码的境室三同
式民居又划体槿室、四窑室、砖石室等计三条，其中砖石室
应是经济轻节。

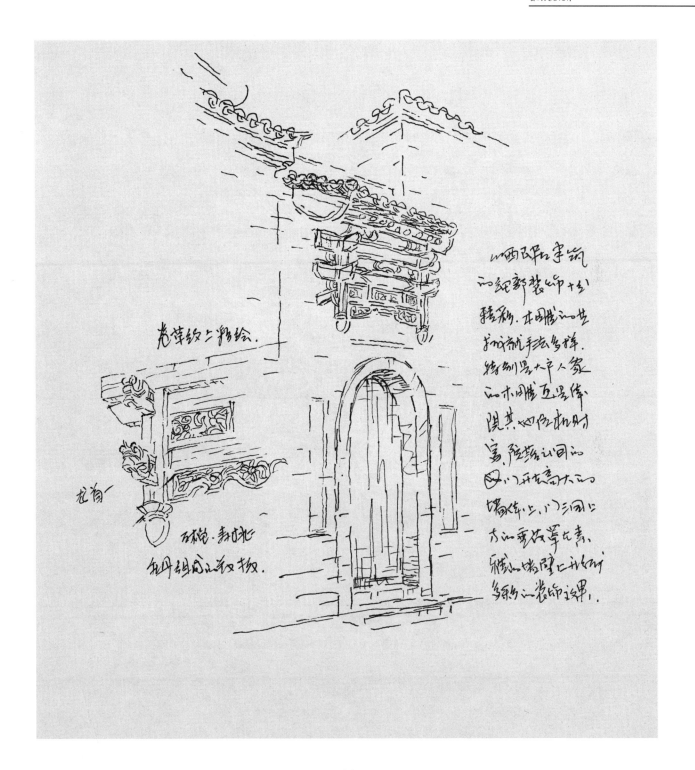

老革级上彩绘.

龙首一

石雕·斜拱
牡丹科局与初拱.

山西民间建筑的细部装饰十分
精彩。木雕和其
制作的手法多样.
特别是大户人家
的木雕互显得
很其的位机则
富，陈绘记回而
图门开去高大的
墙体上的三同以
大和垂花革龙素,
雕和墙壁上都有
多彩和装饰这里.

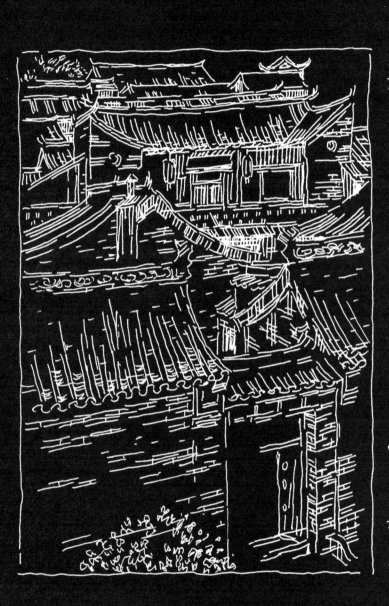

山西窑洞民居·

图50　山东嘉祥一处民居的大门楼，也是当地民居中保存相对完整，具有特色的院落大门。

（六）山东民居纪行

山东各地民居受地域环境的影响，民居建筑形式多样，从沿海到内地，从山区到平原，各地民居建筑遵循因地制宜、就地取材的原则，体现了民居建造的传承性、适应性以及灵活性等特点。山东民居也展现了山东深厚的文化底蕴，是山东民俗文化的组成部分之一。山东民俗文化源远流长，世代相传，既受到齐鲁文化的直接熏陶，又对齐鲁文化产生重要影响。民俗是一个地方人们生活的习俗、信仰和风俗的综合反映，是长时期形成的，也是一种积久成习的文化现象。作为山东民俗文化的组成部分之一，民居也随着山东社会政治、经济的变化而发生改变，不过相对于民俗文化中的其他方面，至民国时期，山东民居在长期的发展过程中，基本遵循

区域特性与传统风格样式的自然延续。到20世纪80年代，在广大城镇和乡村还存留着大量的老宅老户，其中许多民居建筑最早可追溯到明清时期。自20世纪90年代起，逐渐富裕起来的乡村居民，已不满足于祖辈留下的居住环境，传统的建造工艺也早已被现代建筑材料所取代，老宅被拆除或遭遗弃，取而代之的是整齐划一的新农村建设住宅，各地民居建筑从根本上发生了变化，形式、风格越来越趋同，差异逐渐变得模糊。而城市中原有的都市里的"村庄"自然不能适应城市现代化建设的需要，大规模的旧城改造在所难免。如今民居所具有的民俗文化传统及其内涵，已日渐被世人所关注，从社会风俗、自然环境、民间礼仪等多方面，它都体现出山东悠久的历史文化特色，也凝聚了不同时代的特点。

山东各地民居由于自然环境条件的差异，其建筑在形式、结构、材料等方面存在许多的不同，同时也与当地的经济和生活习俗密切相关。概括来说，山东民居以北方的合院形式为主，只要条件允许都是坐北朝南而建，从四合院、三合院到二合小院，以北屋为正房（或称上房），是主人的居室。民居的建筑材料主要包括：木料、石料、砖瓦、土坯、生（熟）石灰、沙土等。木料作为建房的主材料，梁、檩、椽通常选用榆木、红松、柏木、杨

木、槐木等，不过根据经济条件的不同也有差别，富裕人家建房，木料要讲究些，如"金梁玉柱铜檩条"，也就是榆木做梁，"玉柱铜檩条"是指楸檩、松（柏）柱。贫穷地区的人家就地取材，如沂蒙山区百姓以往选用粗大的杨木做大梁，槐木、柏木做檩和门窗，同样物尽其用。石料多用来做墙基、砌台阶、垒石墙，但也有许多地方的民居是用石头建造的，形式、结构各异，具有十分浓郁的地方特色。

至于门前的门墩石雕刻，就更加丰富多彩了。门墩石是门枕石的俗称，也是传统民居大门前的装饰重点之一。原本门枕石只是一种固定门轴和稳固门扇的结构性石构件，在中国封建社会中，受等级制度和封建等级思想的制约，宅居的营造也都应遵循和符合礼制要求，对于宅门的构造与形式以及门前装饰，当然也不能有例外，否则就是逾制。大门往往是一个家族（家庭）门第的象征，上至权贵下至商贾大户，在营建府宅之时，对"门面"讲求要体现户主的身份和社会地位。而对于一般的富裕人家和平民百姓，要想装点门面，又要避免逾制之嫌，就要想各种办法，其中之一就是加大门枕石。加大后的门枕石给人感觉十分端庄沉稳，宽大规矩的立面，再雕刻上各种吉祥图案，则显得既美观又得体。如果再将门枕石门槛外部

分升高做大，就成为大门外两侧具有装饰性的石构件——抱鼓石了。抱鼓石也可以视为门枕石的稳定构件，使得门枕石加大后既稳固又具有装饰性。抱鼓石的形状有两种，一种是"圆鼓子"，一种是"方鼓子"。圆鼓子是由上下两大部分组成，上部是侧立的鼓形，下部是须弥座，其高度一般约在70厘米至90厘米左右。对于有权有势的大户人家，门前的抱鼓石自然十分讲究，顶端刻有狮子形象，三面有雕刻装饰，图案极具观赏性，题材多是吉祥寓意和祈福求禄的内容。方鼓子（幞头鼓子）的尺度相对圆鼓子小一些，顶端也常刻有卧狮，多用在众多小四合院（三合院）院门的两侧，雕刻纹样可多可少，表现形式

图51 济南万竹园（原张怀芝府邸）。其门枕石的雕刻艺术，在济南民居中首屈一指。

自由，内容愈加丰富多样。

山东传统的砖瓦房是由各地以往的富裕人家所建，省内现存多处大的封建庄园，都是砖木结构双坡屋顶的大瓦房，且选料精、工艺考究。至于土坯房，以往多集中在沿黄的一些地区如鲁西南，以及鲁西北平原地区。土坯房耐久性差，特别是一些地区土质盐碱化，对土坯墙和砖基的侵蚀相当严重，房屋需经常维修，这样的房屋大多只能撑个二十几年，之后基本就要重新翻盖，所以现如今土坯房基本都已废弃。

旧时山东各地在建新房的时候，大多有"看风水"的习俗。"风水"说自古以来与我国的营建活动紧密相关，风水术成为我国传统建筑历史中一个特有的文化现

图52 门前的装饰构件，多由寓意吉祥的纹样构成，反映人们对美好生活的期盼。

象，一般认为，风水观中包含朴素的自然观，体现了古人在实践中所积累的处理人与环境关系的经验与方法，目的是实现可持续的生存和发展。在古代居住环境的选择、建筑的营造等过程中始终贯穿着"天人合一"的顺应自然的生存之道，这是一种对自然敬畏的表现。风水最早应与古代先民择地而居的经验总结有关，至商周时期，占卜盛行，凡大事皆要占卜吉凶，"卜宅"就是其中之一，后来经历朝历代的不断发展，形成专门的体系和诸多流派。为了追求理想的环境与空间模式，风水术十分讲究藏风聚气，负阴抱阳，《皇帝宅经》中云："夫宅者，乃是阴阳之枢纽，人伦之轨模……故宅者，人之本。人以宅为家。居若安即家代昌吉；若不安，即门族衰微。"住宅是阴阳之气汇合之地，也是家人是否幸福安康的基础。因为住宅是人的安身立命之本，还关乎"家代昌吉"与"门族衰微"，所以上至帝王下至百姓都对住宅风水予以高度重视。风水说在实际的运用当中，经历代阴阳先生的添加、演化，难免有许多的迷信色彩。但风水中对自然环境因素的考虑有符合客观规律性的一面，包括对传统文化的解读，它汇集了古天文学、地理学、水文学等多方面的古代科技知识，是出于人的生活和生产需要，也源于人们长期观察自然、改造环境的实践，所以风水说拥有广泛的社

会基础，这也是风水术之所以能在古老社会产生重要影响的原因之一。

从建造工艺和材料看，民居的建造难以比肩其他古建筑如宫殿、庙宇等，它是一家一户的个人财力的投入。官宦和富贾等大户人家毕竟是少数，特别是那些具有地方特色的聚落性民居建筑，是因地而建的。在有限的物质条件下，房屋的建造只是为有一个栖身之所，所谓房屋的"百年大计"，期盼能早日住上青砖到顶的大瓦房，对贫民大众来说是未来的梦想。对不同区域各种特色的聚落民居来说，许多存在先天性的缺憾，这是可以理解的，因为无论从财力、技术和材料，对小家小户的建房者来讲都没有选择的余地，只能遵循当地前人的模式，才可能做到经济、适用。而其舒适性、牢固性用现代的居住理念来看，自然是差得很远。

下面选取山东几个有代表性的地区予以介绍：

图53 枣庄山区的民居，以往祖辈生活的老屋，现已成为人们猎奇的对象。一幅原生态的生活场景，带给人们许多联想。

图54 龙口丁氏故宅现有规模只是丁氏家族鼎盛时期的十分之一，原有的建筑多在以往动荡年代中遭拆毁。

1. 胶东地区民居

在山东省的东部有一伸入黄海、渤海间的半岛，这就是著名的胶东半岛。半岛三面临海，气候宜人，四季分明，空气湿润，少有酷暑严寒；区域内有山有水，丘岭逶迤、平原肥沃，自然条件得天独厚，各种物产十分丰富，烟台的苹果、莱阳的梨、大泽山的葡萄等水果品质优良，久负盛誉。沿海一带是广阔的渔场，曾经出产的鲅鱼、带鱼、黄花鱼等多种鱼类都是山东特有的海产品。胶东的大对虾，更是我国出口创汇的重要海产品，20世纪80年代之前其出口量能占到全国的三分之一。历史上胶东半岛一直是山东百姓生活比较富庶的地区之一，这里民俗文化浓郁，各具特色的民间风俗、生活习俗等充分体现了

地域文化特点，构成了异常丰厚的民俗文化层。受当地民俗文化的影响，胶东地区民居建筑的风格形式中蕴藏着丰富的地方传统民俗文化内涵，同时所形成的居住文化成为地方民俗文化的重要组成部分。以烟台地区民居建筑为例，一般民间建房讲求高地基、低房檐，既实用经济又不招摇。区域内盛产优质石材，就地取材是民居建筑的普遍原则，石头墙、石头房自然粗犷，而以石料筑碱墙，结合以青砖镶边的门窗口，以及小青瓦的屋顶与抹白灰的土坯墙面，使房屋透着精巧与朴实。封闭的院落大门多开在院落的东南角，平常人家以小门楼和随墙门为主，院门朴素无华，简单实用，只是在逢年过节和有喜庆之事时，门前多一些祈福与应时装饰。但大户人家的住宅就不同了，深宅大院，房屋建得考究气派，处处显露出富贵之家的财力与地位。这方面烟台有两处著名的民居故宅为代表，一是栖霞的牟氏庄园，二是龙口的丁氏故宅。

2. 鲁西北地区民居

鲁西北地区概括地讲是指聊城、德州、滨州和东营等四地市；要是再确切一些地划分，聊城市属鲁西地区，而鲁西北地区主要指德州地区，滨洲和东营则属于鲁北地区。四地市有着类似的地貌类型，大体上都属黄河冲积平原，地势较为平坦，土层深厚，光照充足，常年降水量偏

少。但气候具有变化不稳的特点，旱、涝灾害常有发生，该地区土地的农业利用历史悠久，是山东粮棉作物的重要产区。区域内地形多由岗、坡、洼交互组成，历史上受黄河决口泛滥的影响，属于旱、涝、盐碱、风沙等灾害频繁发生地区。相近的自然条件，使得这一区域内的传统民居有着相似的结构形式，土是当地最便捷和廉价的建筑用材，用土做成土坯砖、夯土墙，成为当地以往普通民居建筑的主体结构。土坯房造价低廉，冬暖夏凉，维修简便，传统居住形式多为小户小院，简单实用。富裕人家的房屋为砖木结构，平面布局由四合院或三合院组成。四合院中较典型的布局是：北上房三间，房有前出厦，门前二至三级台阶、木格门、支摘窗，左右各有一间耳房，耳房是单开门，东西厢房各三间，还有临街的倒座；院中建东西青砖花墙，中间开"月洞门"，再讲究的大户人家就设垂花门了，门里称内院，门外称外院。外院倒座三间兼做客房和书房，一般倒座房的西侧建一耳房（也有建在东侧与大门相接），东侧是院落大门，占一开间，大门内迎面东厢的山墙上建一座山影壁。四合院中的房屋为青砖砌筑，青瓦盖顶。内外院中常栽石榴树和丁香树等，并设置有鱼缸、盆花点缀其间，院中甬路条砖铺墁，或地面铺墁。值得提出的是，聊城地区的临清自明永乐年间起，

就为营建北京皇城烧制贡砖，紫禁城的重要建筑所用青砖，大都来自临清。由于需求量大，朝廷还在临清设立了专门监理烧造的工部营缮分司，并委派一名工部侍郎长驻临清专职管理。当时临清沿河建有许多大小砖窑，日夜烧造各种规格的贡砖，据记载，大的皇城砖块重达五十多斤，而且每批砖从选料、制坯到烧制都有严格检验标准，烧制成的贡砖每块要达到"击之有声、断之无孔、不碱不蚀，硬度与青石相当，然后用黄裱纸封好，搭船经运河运至北京，当时朝廷由临清'岁征城砖百万'。"[22]贡砖的烧制无疑表明，临清当地有优良的烧砖工艺，以及悠久的烧砖历史，正因如此，在鲁西北一带，临清及聊城民居砖瓦房的质量应是最好的。

图55 滨州的魏氏庄园因其突出的防御功能，在山东民居建筑中独树一帜，它体现了乱世中人们的忧患意识。

图56 曲阜民居。在当地，以往的老宅多数已废弃，只要经济条件允许，折旧建新，是多数人的选择。时代在发展，老宅老屋已不能满足人们的生活需求。

3. 鲁西南地区民居

鲁西南称谓主要是指菏泽地区，泛指包括菏泽以及运河地区的济宁和鲁南的枣庄在内。提起济宁的传统宅居建筑，人们首先会想起显赫的孔府、孟府等。现存孔府主要为明清时期所建，规模宏大，构筑华丽，蔚为大观。孟府占地2万平方米，府内厅、堂、楼、阁雕梁画栋，气势不凡。受历代帝王的恩赐，两府建筑处处体现了封建礼仪、等级和特权观念，不同于一般概念上的民居，具有浓重的官署衙门色彩。而当地传统特色的民居，因现存数量越来越少，却鲜为人知了；同时受地源环境影响，济宁地区的传统民居也具有各自的不同形式与特色，其中包括有山地丘陵地区的石头房、平原地区的土坯房和富裕人家的砖瓦房。菏泽有着悠久历史和深厚的文化底蕴，历史上曾是中原文化的.

重要组成区域。而当地的民居展现了与古老黄河密切相关的民间生活习俗，如菏泽沿黄一带的村庄多选择建在地势较高的土岗堌堆上，房屋四角和梁头下用砖砌跺，梁上架檩条支撑起屋顶。而墙体则用土坯垒成，更简陋的房屋墙体是用篱笆墙，就是用秫秸扎成，然后内外抹上泥制成。这样做是在黄河水泛滥时，滔滔黄河水只能将房屋的墙体冲垮，而砖跺及支撑的屋顶却能幸存下来，所以遇有洪水来袭的紧急情况，灾民还可以爬上屋顶，躲避洪灾。长期以来鲁西南乡村中普通的民居多为土墙泥顶的房屋，当地称之为"土棚屋"，这种房屋一般用砖砌墙基，称"砖碱"。而砖碱一般砌七层砖左右，好一些的房屋砌十一层砖（或与窗台平齐），砖基之上铺一层麦秸或豆秸，然后采用板打墙或草泥挑筑的方法制成，前者是在夹板中填土然后层层捣实，后者是用草泥分层垛起的土墙。屋顶部分起脊后，在檩上先铺一层秫秸箔，而秫秸的根部在檐口处顺齐后就做屋檐了，再压上20厘米至30厘米厚的秫秸，然后在秫秸表面覆盖一层草泥，最后将泥抹平。这种无瓦泥顶的房屋牢固性较差，基本需要年年维修，后来经济条件好些时，人们多在屋顶上再挂一层小青瓦来延长屋顶的使用寿命。20世纪80年代以后，这种"土棚屋"逐渐退出人们的生活空间，取而代之的是现代砖混结构的新民居。

4．山地民居

泰安、莱芜、临沂的地理位置在山东省的中部以及东南部地区，区域内包括山地、丘陵、平原、洼地、湖泊等多种地形地貌。区域内民居建筑从材料和结构上看，都各自以当地经济易取的材料来造房，做到因材施用，特别是山地丘陵地区传统的居所主要是石头房。历史上地处沂蒙山区的乡村，过去因交通闭塞、土地贫瘠，人们的生活条件较为艰苦，当地许多村庄的名字都带"峪"，从中可以看出受自然地理环境影响，形成与地势地貌相关的自然村名，如沂源县带有"峪"字的村名近三百个，占该县自然村庄总数的四分之一以上，蝙蝠峪、四崮峪、河套峪、打虎峪、雕峪、桑树峪等等。广大农户一般住石头或土坯垒的草房，屋顶是用麦秸苫盖，木门、木窗棂，家境更差的则住"团瓢"屋子。20世纪70年代后，该区域民居建造逐步改善，直棂窗改为玻璃窗，苫草的顶子在屋檐和两哨加压三趟瓦，屋脊用脊瓦覆盖，当地称这种做法为"四不露毛"。近年来随着经济的不断发展，各地富裕起来的人们首先是改造自己的居住环境，以往的老宅老屋大多不断地改造翻新或拆除重建了。

地处泰安东北部的麻塔，以前是麻塔公社，后改为黄前镇，是典型的山区地貌。这一地区林木茂盛，盛产板栗、核桃、山楂、柿子等，又被称为林果之乡，其山间沟壑、村边河道常见溪水潺潺，四季景色宜人。地处山区，建房盖屋自然不比平原地带，以往山地人家的院落多是根据地形来建，所以院落的形状不一，但院门一般都开在东南角，建筑材料以当地的石料为主。一般的院落门，墀头部分和山墙的大部分等，以乱石压泥砌筑，中间有

图57　现如今这种以往的"团瓢"窝棚已很难见到了。

图58 新泰民居的大门，起翘的脊头如"蹲脊兽"，颇有创意。

新泰泉沟镇庙家牌村早年因村内有座庙而得名，该村的房屋有以往用土坯建造的老宅，也有后来建的砖瓦房和新建的水泥预制板的平顶屋。院落多为小四合院或三合院，院门朝向受条件限制不能在东南隅开设的，则根据院落格局的变化将院门开在东院墙南侧或西院墙南侧。村里许多大门保留着部分当年建筑上的老构件，并重新加以利用，有的干脆将原有的门楼维修一下，继续在使用。村中用石头砌筑的院门楼，墙体朴实厚重，而屋顶红瓦与黛脊的搭配形成色彩对比，同时正脊和垂脊的端头起翘，让寻常的大门楼有了变化，更添了一份灵气。檐口处以条石过梁做托举，门前凹进，形成浅门洞，门框上方的匾额或雕或写，内容多是四字一句的吉祥语，如惠风和畅、忠厚传家、福禄祯祥等等，户户不同。屋宇式门楼与厢房山墙相连，构成内部高大宽敞的空间。当地人还以瓷砖壁画为迎门装饰，代替了传统座山影壁的作用。另外门口不设门槛，门前多为小坡道，这样推车进出时都很方便。

大的石缝空隙填以小石块，山尖部分则用土坯垒，檐口铺一层石板，有的则将石板从檐口沿山尖一直铺到房脊，顶部多用麦秸草等铺就。至于院墙就更简单了，河道中的大小石头都是垒院墙的好材料，既经济又实用。院内房屋的构造大体也是如此，只是选料和工艺有差别，老房子的墙体腰线以下用石头垒砌，好一点的房屋是用规整的方石，屋顶用麦秸草覆面，小青瓦的垂脊、檐口小青瓦收边。一般的房屋也是乱石砌，草顶、檐口压石板，腰线以上部分则是土筑墙，表面抹灰。当地这种材料结构的房屋好的也能撑七八十年，但大多数因比较粗糙、简陋，不得不过早地废弃。

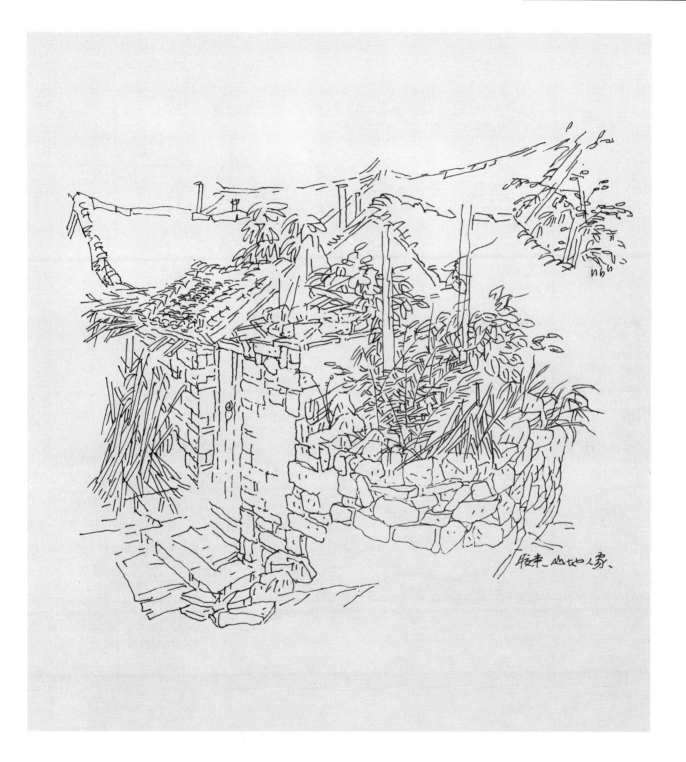

聚丰—山地人家、

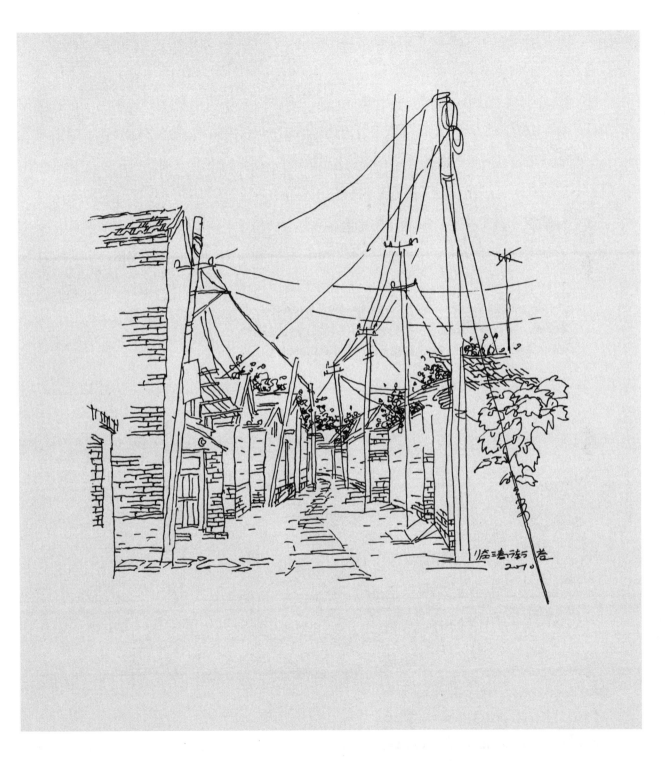

滦州□魏□庄园□是建于□□□山□坡式□民居。主人□史□公□为城□山□大户
只残余□□山墙□□□作家人寨以□□军事，以□望式□□建筑□眺望□连接□□□□
□□□加重□只，加□□□□草□□□经营□□□，加高□□荅□□也利于□□□意。

魏氏庄园□□城垣□内为土筑列□□□西墙
碉□□□周，东□□角，□□10□加□□列□望□□
□□军事时□□□□□□□□□□□□生活□
□□家□，也是主人□□未□□□答，二□□记。

据介绍翻此庄园当
时的建另设施材尽去
观了有建礼制,与普弘
内陆场间专陆外住此
处沿石槽流生内陆
专接水而到内正卫案
么口条小室连择俗望陆
此有人机盏。乱而防
范心理生如此而尾,
烈火家堡因为世道而
不太平因为庄园而房
屋中正布情道相连
这也是非靠多发之地
此防了须小山一举移
睛直而大口设计巧
外观呈梯档样门

用心从者生活中而点点富受都想到了。世道那至此.不谓不妙此为行事.

方兰 2002.12. 浙东钟村……

新泰泉沟镇 刘炳记
09.10.2

数术店国内铭品高芬心上国际刻向铭而稿. 地而底. 仙鹤. 嘉鹤. 等国界. 宴麦为鸡. 禄. 封. 植全泰. 十分美好. 此外花国而建筑川窗七而周陛 刻大. 展自身而虎柔恋. 沙荷さ多而末給悠作. 怪心宽恒. 穏. 东大方. 十分而嘉而挨. 此今心红灯老. 优节缀材此真京气

淄川寨里镇邵家庄
2003.4.4.

2003.5.草芒
ZhangTong

古宅小街民居小门楼.
2006. 5. 6

118

拆迁后 一座里巷 徐门人去屋空
2008·8·12

章丘朱家峪小记

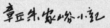

蒲松龄故居·2006·4

章丘博平村辛卯墅写

5．山东民居建筑举例分析

（1）沂蒙山区的民居建筑

临沂的沂南县地处沂蒙山腹地，县境内西部群山连绵，东部丘陵起伏，全县近80％的面积是山区丘陵地带，大小山头就有3000多座。受自然环境条件所限，土地贫瘠、靠天吃饭的山区百姓旧时生活十分贫苦，有"糠菜半年粮"之说，据史料记载，那时当地百姓日常的主食就是高粱、糁子和地瓜等粗粮，偶尔吃上一顿包子也被富人讥笑说是少放油多搁盐，"穷人吃顿面饭，三天离不开水缸沿"，指吃盐多豿得光喝水。㉓正是由于艰苦的生存条件，磨练了沂蒙人的意志，练就了他们顽强不屈的精神，在抗日战争期间沂蒙是山东抗日根据地的中心，而沂南则成为沂蒙

抗日的中心。

近年来随着"红色旅游"业的兴起，临沂各地也在充分打造"红色景区"以带动当地经济的发展，一些当年根据地的小山村，多年默默无闻，如今一夜之间成为众人关注的焦点。沂南县马牧池乡常山庄村，就比较有代表性，常山庄村的人们也许做梦也不会想到，山村有一天会变成沂蒙影视基地。影视剧组在村里搭建了许多民居场景，如今已成旅游景点，初来乍到的人会被山村如此完美的民居院落所吸引。

老村中的建筑大多是简陋的石头房，屋内用草泥简单抹一遍，许多墙面外表缝隙裸露，有些甚至还是通透的石缝。据了解，20世纪80年代初，村民才陆续改造老房屋，有些建起了砖瓦房，安上了玻璃窗，将院门改成屋宇式大门。

以往山里人家的小院是用石块垒的院墙，当地称"干叉墙"，这种墙墙体较厚，往往在转角处加较规整的镇角石，增强其牢固性。二合院大多建三间正房和一处厢房，屋内夯土地面，而且正房和厢房的屋门都比较矮小，高度只有1.7米至1.8米左右，成年人出入时需要低头，有些粗陋的厢房更需弯腰才能进入。村里盖房所需的石头都是采自当地，有些需要在采掘现场加工，然后运回来。山区老房屋多用黄草或麦秸苫顶，因为山地贫瘠，农

图59 淳朴的山村已成为影视剧的拍摄基地，一些后建的砖瓦房被揭瓦剔面，重新装扮成草顶石头屋。

作物多是种些玉米、高粱和地瓜等，麦子种得少，麦秸也是稀罕之物。石木构造的房屋，为简单的人字屋架结构，梁架所用木料将树去皮后就可使用，没有过多的加工。房屋的门和窗，普遍为板门和直棂窗形式，院门所用顶子的材料与房屋相同，门口两侧石垛砌至脊檩，石垛上部两根木梁穿出，挑起上面的三角形木架，然后在檩上压秫秸铺草，形成一简陋的草顶随墙门，这种随墙门的入口高度和房门尺寸大体相同，也是需要低头通过。

沂南铜井镇是以泉多而知名。该镇的许多村庄都有泉水，包括金波泉、玉液泉、大河泉、响鼓泉、温泉、竹泉等十几处清泉，当地被称作沂蒙的泉乡。村庄因泉而得名的就有龙泉村、马泉村、南泉村、辉泉村、两泉坡村、曹家泉村、竹泉村等多处。其中铜井镇的竹泉村有北方少见的竹林环境和泉水资源，加上茅草屋、石头墙，组成一幅悠闲独特的乡村生态画卷。近年来当地依托古村原有的环境风貌，将此开发成乡村特色文化旅游景点，全村农户被整体搬迁安置，一些相关的旅游配套项目也正在建设之中。该项目的开发保留了村落的传统格局，并对古村的老宅陋屋，在不破坏原始风格样式的基础上，进行了全面整修，突出了泉水村落的特色。村里的农家院落一般只在石头墙上留个出入口当院门，大部分没有门扇，

一些院墙也只有齐腰高。院子入口处铺一条连接住房的碎石路，这也是院中地面唯一的铺装，不过许多院中连这种简单的铺地也没有。多数院内除几间草房外一般还有一个做饭用的尖顶的窝棚，当地称"团瓢"。这种结构形式的"屋"，墙体矮，没有窗户，只有一个十分窄小的入口，内部空间十分局促，说是屋更像是一洞穴。由于"团瓢"的屋顶没有烟囱，烟只能从门洞向外冒，在这里做饭的家庭主妇免不了受些烟熏之苦。

虽然现在竹泉村的村民每天像上班一样，在原来自家的老宅里进行农家手工艺演示，努力再现以往的生活场景，但还是让人感觉多了一份商业展示氛围，少了些

图60 竹泉村的原住民在自家的老屋前演示着以往的生活场景。

许自然的纯朴与亲切。不过这毕竟是对传统聚落民居建筑保护与发展的一种探索，并对许多面临同样问题的传统民居有所启示，为处理好民居保护与发展的关系，开辟了一条可供选择的途径。

临沂平邑县的地貌类型以山地、丘陵为主，平原只占20%，丰富的石料资源是当地山区民居传统的建筑材料。过去平邑山地人家建房，往往提前数年就开始备料，那时上山放羊、砍柴时都捎带可利用的石块、林木回家。当地老人讲，山区人干活从不惜力，年轻小伙为盖房，二百斤的石头能从山上背下来，一些当年建房遗留下来的石头，现在的四五个年轻人也抬不动。而每当建房时除请专业的木匠外，其他的活由家人和亲朋一起动手。

当地山区人家盖房，一般建三间北屋，有的再加盖一处东屋或西屋。房屋为直棂窗、板门，石头墙体厚六十厘米左右，房屋的宽度不一，根据檩条数量来定，七至九檩不等。椽子是用高粱杆代替，七八个一把，密密排好，然后覆一层泥，屋面黄草苫顶，黄草要先铡成四五十厘米长短，在水中浸泡后再由下往上一层层叠压，这样的草顶厚约十五厘米，好的能使用十年左右。当上梁时一般还要请村里年长的文化人写上一幅字，内容诸如"上梁大吉"或"金龙盘玉柱"等，然后贴在梁柱上以示吉祥。此外山区民居没有单独的饭屋，东屋或西屋用来存放物品，做饭多在院落东南侧盘两三个炉灶，搭个棚子就是厨房了。而许多人家就是露天的灶，两个一体再加一个小灶，形成大、中、小三个灶，大灶用于蒸干粮或为家畜煮食，中灶熬粥饭、烧水，小灶则用来炒菜。院中还有一用于摊煎饼的鏊子，煎饼是沂蒙当地传统的主食，以往用地瓜面、玉米面制成，可以在常温下保存很长时间。现如今虽然生活水平提高了，主食更加丰富，但人们依然常喜用煎饼，只是煎饼多改用麦子来做，也不必自家来摊煎饼，煎饼早已商品化了。

山区人家的院落在20世纪70年代之前大多只有个矮矮的石围子，当地称作"墙札子"，而所谓的院门只是个栅栏门，其目的也只为挡一下家中饲养的小牲畜。院墙是近二三十年才有的，由乱石干垒的院墙围合成的独门小院，墙上开洞并稍作处理成为院门，门口上部加当地天然薄层灰岩石板当檐，简单实用，自然、乡土，有着浓郁的区域特色。院门扇大多数是翻盖旧屋时，将老屋的板门拆下来作院子门用。在交通不便、相对封闭的山村，这种院墙只是一种象征性的围挡，安全感更多的是来自族人、邻里间的和睦与相互关照。

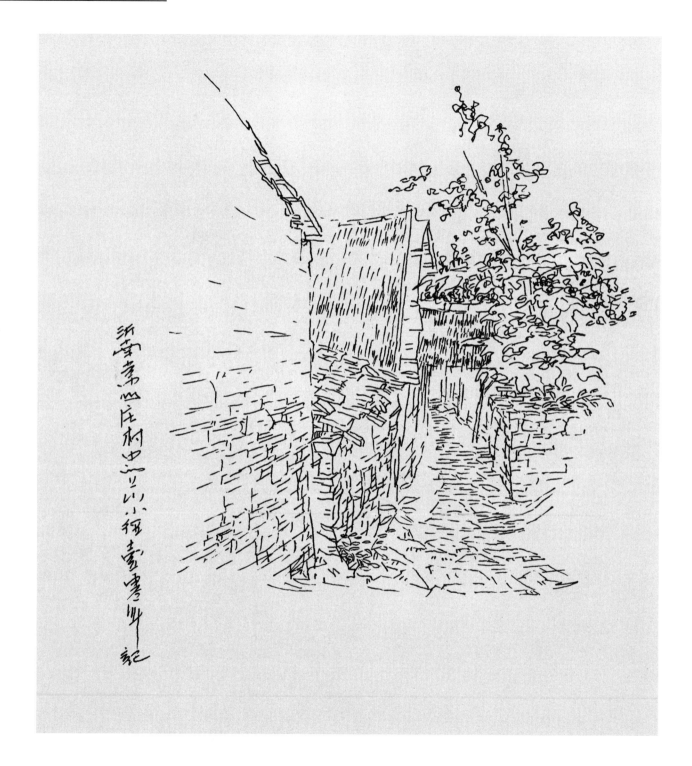

浙富春江庄村中之小径速写记

三石住房三型基地
沂南画牧三妨宗心村·

《斗牛》场景设计之一
2010.7.

沂蒙山地人家 戊子

骏牧纱绵山庄村石头上的村庄
至是当年的堡垒树上水斑

zhangfeng · 10·4·2007

图61　庄园中"西忠来"单坡顶的厢楼。

六大院落组成，共有房屋480余间。三个区域为东区、西南区、西北区。

东区由东、中、西三路院落组成，东路院落堂号为东忠来，七进院落，一进和二进院落，分别是门房和东忠来的客厅，第四进院落中有二层楼一栋，正房五间，东西厢房各三间，东忠来共有房屋94间。中路是西忠来，也是七进院落，第五进院是内宅主院，寝楼为两层五开间，楼建在高高的台基之上，楼门上方又加一装饰性很强的小屋檐，使门看上去更显高大气派。二层的窗户为拱形，是相对较小的两扇对开窗，一层是较大的对开窗，两层窗的花格样式都为"灯笼锦"形式，朱红色漆，工艺考究。楼的底层还设有地窖，冬储夏藏十分便利。在寝楼的西侧，还建有一栋二层厢楼，单坡顶，二层有檐廊，立面门窗装修华美、特色鲜明，该楼主要是家人生活起居、读书等从事日常内部事务的活动空间。

东区的西路为日新堂，六进院落，房屋80多间。在其西侧，就是庄园的西南区、西北区两区共三处院落。西南区为师古堂和南忠来两处院落，西北区是宝善堂。这两区的院落布局、建筑风格与东区三路院落大同小异。庄园的每个大院建筑布局都是沿南北中轴线排列，依次为临街的南群房（倒座）、堂屋、客厅、寝楼、小楼以及北群房等，与东西两厢共同组成

（2）栖霞牟氏庄园

位于栖霞市城北古镇都村的牟氏庄园（也称牟二黑庄园），是我国现存规模宏大、保存完整的封建地主庄园。鼎盛时期，牟家曾拥有粮田6万余亩，山峦12万亩，这也是我国近代史上拥有土地最多的"土财主"。牟氏庄园始建于清雍正年间，到清嘉庆十七年（公元1812年），二十几岁的牟墨林开始执掌家业，期间逐步扩大了庄园的建设，为其四子建了三处住宅，奠定了牟氏庄园的基本格局。牟墨林死后其四个儿子各立门户，并各自将分得的住宅继续进行改建、完善，至20世纪30年代，庄园历经五代人近200余年的扩建重建，才形成现有的规模。庄园现占地面积2万平方米，坐北朝南，由三个区域、

南北进深的长方形院落。大院与大院之间以甬道相连，既成一个整体，又相对独立。每个大院又由多个大小不一的四合院或三合院组成，楼堂建筑功能各异，主次分明，建造用料十分考究，凸显主人的雄厚财力。

其次，牟氏庄园的堂号都有其含意，如"日新堂"取"日新月异"之意，是牟氏庄园最早的堂号。"宝善堂"意为财宝富贵，积善人家。而"师古堂"本意为师从古人，因"师古"的谐音事故、尸骨都不吉利，所以又取名为"阜有"，读音响亮，也讨口彩。

目前庄园的主入口是六大家之一的西忠来大门，大门的地基高出街面1米多，修有七级垂带踏跺。大门两侧山墙下肩用石料砌筑，石料经精工细凿后严丝合缝，门楼显得更加简洁、规整、庄重。门扇高2.44米、宽2.2米，大门上刻有"耕读事业、勤俭家风"八个描金大字的对联，与门前整体色调和谐统一。门联内容体现了牟氏家族治家理财的座右铭。不仅如此，庄园内的大小厅堂前也悬挂着许多教化类内容的木质对联。门前超高的大门槛，大门两侧的抱鼓石用含金元素的青黑色玄武岩刻成，通体有1.5米高，鼓镜直径为70厘米。荷叶形托起的石鼓上面雕刻有"四喜临门"、"福禄寿喜"、"麒麟送子"、"刺虎圆寿"等吉祥图案，以及"刘海

戏金蟾"和"姜太公钓鱼"两幅民间传说故事。鼓座部分，正面刻有高浮雕卧狮，狮头为立体圆雕并扭向一侧，十分生动传神，鼓座内侧面分别雕着"富贵耄耋"、"和和美美"图样。纵观抱鼓石雕刻，工艺精湛，造型优美，夸张有度，意趣无穷。

西忠来大门的硬山顶，正脊两端用"望兽"收头。"望兽"，是一个造型似龙首的脊头装饰构件，传说它可以观天象、避火灾，所以人们将它安在屋脊上以保佑家宅平安。而垂脊上的走兽则为单数，建筑等级越高数量越多，最多为11个。牟氏庄园中屋宇式门楼的垂脊上都设五尊神兽，与门楼的样式、尺度十分和谐

图62 庄园的门楼高大、气派，尤其是门前一对圆形鼓子，尺度超大，是山东民居中抱鼓石的最好形制之一。

统一，也体现出牟家并不只是一个土财主，而是具有官府头衔的封建权贵。宅门既象征着主人的社会地位，又体现了居住者的许多期盼，与门相关的附加装饰加强了人们这种精神需求。西忠来大门内有一块长方形石毯十分独特，据说当初做石毯是主人为求吉避凶所为。石毯选用多种颜色的河砾石拼砌铺就，用青白色麻石做边框，并在中间和四角分别拼出双钱寿形和蝙蝠图案，寓意福、寿、财全有。但后来家门还是屡遭不幸，经风水先生察看，说石毯正起反作用，是保佑离家迁出的人有钱、有福、有寿。可怜主人的一番良苦用心！

现存牟氏庄园中基本每大家都有楼房建筑（南忠来除外），而寝楼又是庄园中最精美的建筑之一，从建筑的形态、比例尺度，到材料的使用及工艺都无可挑剔。牟家建筑多依据清雍正、乾隆年间工部颁布的工程准则《工程做法则例》建造，官制标准的建筑自然十分考究，非一般地方建筑可比。色彩上，牟氏庄园中的板门都是黑色，而厅堂、寝楼上的对开窗（也有四扇对开）、支摘花窗等都漆成朱红色，倒坐房和厢房的木棂窗则漆成绿色，与厅堂和楼房的窗户形成档次差别。等级制在牟家可谓层次分明，有史料记载，牟家人所雇之人也分三六九等，生活待遇各不相同，如吃饭就有大、中、小灶之分，中灶、大灶每日都有固定的伙食标准，账房先生、私塾先生等享受中灶，丫环、长工等吃大灶，而小灶只有主人享用。

牟氏庄园以其宏大的规模，成为山东乃至北方民居的典型代表，其合理的布局、优良的建造工艺和独特的风格，反映了我国民间高超的建筑水平，展示了一代封建家族的历史生活场景。

图63 牟氏庄园中的建筑以寝楼为代表，有当年碱墙用石，每石工费--斗谷之说，可谓精凿细磨，不惜工本。

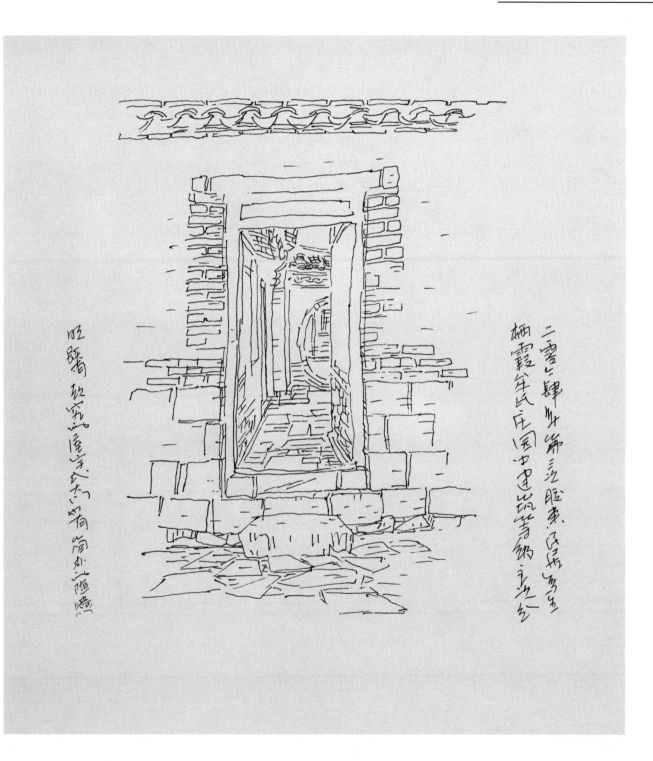

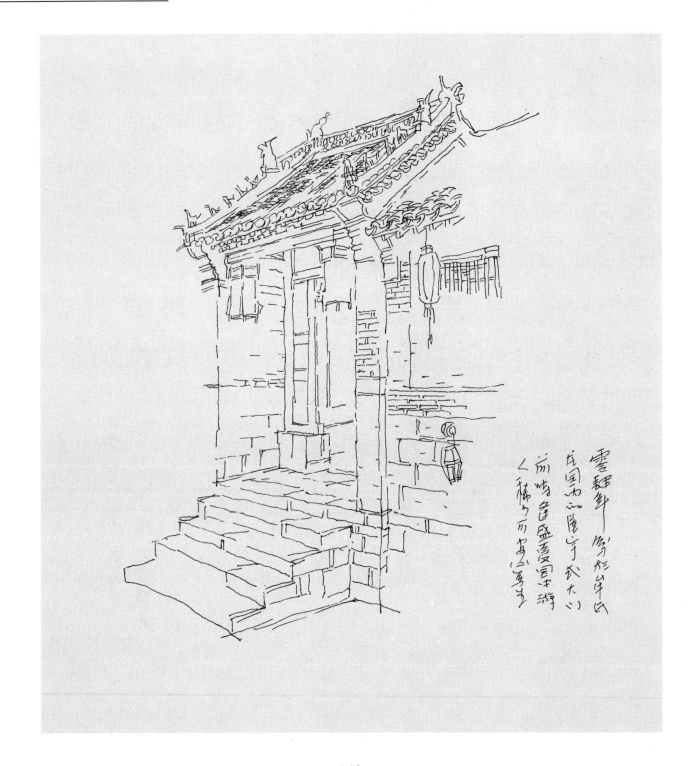

牟氏庄园一
角宅内有亭
交缝莹的
后穆卦木屋

（3）荣成的海草房

海草房主要分布在胶东半岛沿海一带，是海边渔村特有的民居建筑形式，而威海市的荣成是海草房较为集中的地区，也最具代表性。当地石岛、俚岛、港西镇、成山镇等靠海村落中的海草房保存较完整，也具有一定的规模。一般认为秦汉以后到宋、金时期，是海草房逐渐形成和广为流传的阶段，从那时起随着人口的增长，海草房不断发展，至明清时期已遍及胶东各地。至于海草房最早的起源，年代应更为久远。荣成地区的海草房有据可查的可追溯到元代，当地港西镇至今还存有二百多年历史的海草房。

海草房的形成首先是沿海地区有丰富的海草资源。"海草"主要指生长在山东、辽东半岛地区温带浅海水域中的大叶藻等野生藻类，在春夏两季生长繁茂；到了冬季，海草被海浪大量地卷上岸滩，这时的海草含有大量的盐分和胶质，晒干后就是优良的屋面用料，既隔潮保暖又耐腐防蛀，并具有一定的阻燃性。另外胶东半岛地区多低丘陵地形，优质的石材也为民间提供了物美价廉的建房材料。外观上海草房高耸的屋顶两头昂起，高大厚实的屋顶与低矮的毛石墙体刚柔相济、反差强烈，整体形态夸张，显得十分粗犷、古拙。海草房屋面坡度很大，这种陡坡状的屋顶便于快速排出雨水，防止海草

特别是麦秸的霉腐，因为海草房的顶子不是全用海草苫盖，在表层厚厚的海草下，还铺有一层层麦秸。麦秸的使用是起到屋面定型的作用，毕竟海草过于柔软纤细，有麦秸铺底再铺海草就平顺多了，海草房的屋檐，就是靠麦秸层层叠压向外出挑制成的。海草房墙体的一种是正立面用方整的石料，而后檐墙的腰线以上或山墙的山尖部分常用不规则的石块随圆就方砌成，然后用白灰勾勒石缝，因灰缝较粗显得格外醒目。另一种是窗的腰线以下砌方整石料，房屋四角和门窗处砌砖踩，中间墙体用土坯或毛石砌就，也有腰线以上的四面墙体全部用砖砌。

图64 海草房的山墙部分。

荣成地区海草房依地势而建，院落布局有小三合院、小四合院等形式，也有一正一厢的院落，这种院落多比较狭小，只有三间北屋和两间放杂物的小东屋（或西屋），过去是生活条件较差的人家所建。一般人家的房子为北屋五间，东西厢房各两间，而四合小院是经济条件较好的家庭所建。当地村落中房屋密度较大，房与房多连靠在一起，这种山墙接山墙、草顶连草顶的无缝对接，组成了连绵不断又错落有致的民居连排群落。20世纪90年代以后随着沿海经济的迅速发展，富裕起来的人们大量地拆除旧海草房，改建宽敞明亮的砖瓦房，海草房逐渐退出了人们的生活空间；其次，由于大量的近海围网养殖和其他人为因素，直接影响了海草的生长环境，近十几年海岸上海草涌上来的越来越少，现已成为稀缺资源。

多年以来对于海草房的保护受到各界的关注，海草房的特色中体现了当地比较古老的建造活动信息，其历史性、生态性、民俗性，在我国传统民居中独树一帜。而今不只是建房的材料短缺，连以往建房的苫匠也难寻了，生活方式的改变，使海草房似乎已远远落后于文明的进程，这种充满地域特色的建筑形式，面临消失危机。

图65　经历了岁月的洗礼，海草房如今在当地的一些乡村中依然是老人们习惯的居住之所，只是海草越来越少，人工越来越贵，连维修都困难了。

2009 锺铭写 马家寨 海草房. 此处仍尽保治着一些数量的海草房, 较其它地方的不同是, 建筑的石料的围墙如唐山青岛花麻石. 而不是高见的石岛红. 海草炔已了多了. 建材的材料与构加, 不免是现代建材的问题.

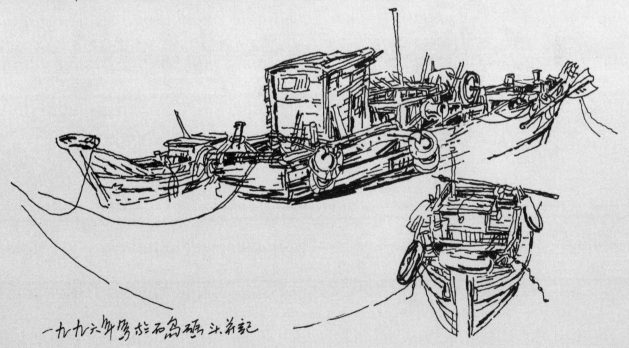

一九九六年写於石岛碼头 荞記

锺锣窝渔家庄2009年夏

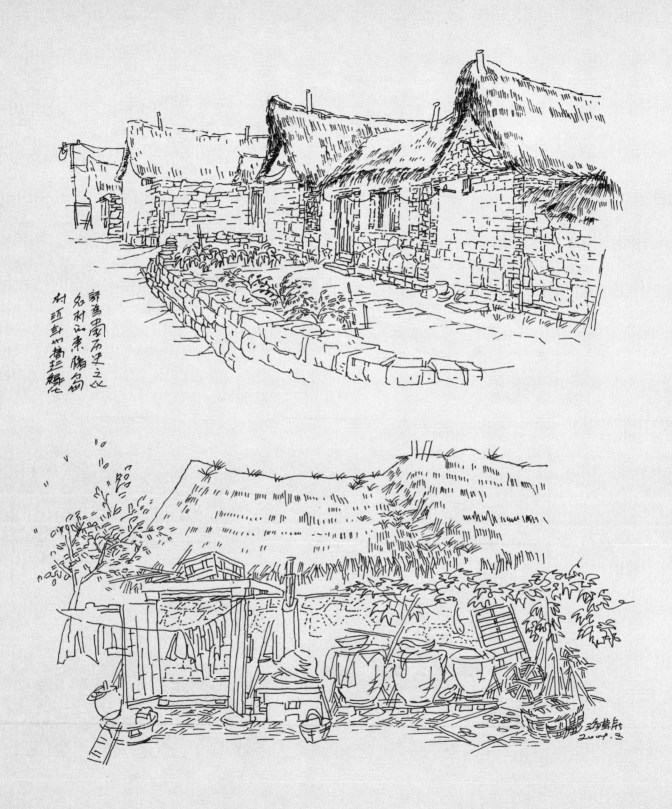

（4）济南市长清的石头房

长清的孝里镇因二十四孝中"郭巨埋儿"孝母的故事而得名。位于孝里东南有一个方峪村，这是一个青山环抱的古村落，村中的石碑、古槐以及井口石板上被井绳磨出的深深印迹，仿佛都在向人们诉说着一段尘封已久的历史。据《长清县地志名》记载：方峪村大约是在明洪武年间由"王氏建村，以村座落在山峪中，命名王峪庄。后来，王氏乏嗣，方氏更名方峪"。有关资料显示，从明洪武年间到永乐五年，山西向山东共有四次大规模的人口迁移，移民遍布山东各地，这样算来方峪村由方姓族人在此建村，至今已有六百多年的历史了。

山村里的建筑基本都是用石头砌筑而成，走在村里放眼望去，石头房屋石头墙，石板铺就的村间小路，就连门窗上的小屋檐，也是用石板搭建的。这种用石板做的雨搭（小屋檐）是山村石头门窗外观的一个共同特点，虽然有些只是在石头门洞的挑檐石端头稍做装饰处理，没有过多的雕饰，但透着古朴与细巧，其结构简单实用。山村中的人家多是建三合院，以及三间北屋和两间东屋的二合小院。还有一些三合院是在二合小院的基础上又加盖两三间南屋，并留出一间做大门，或在倒座一侧山墙处建大门，这样的大门门洞空间比较高大，一般上部再隔一下，正面开

一个小窗通风，里面用来储存杂物，而人口多的人家，有时还让孩子们住在上面。村里的房屋墙体都采用方整毛石干插起来之后外面嵌灰缝，然后室内抹灰，原先房屋是没有后窗的，后来有人家修旧房时才开了后窗。石头房的屋顶用弧形梁架，也就是梁上加短柱制成，其上架檩置椽，再铺芦苇（或秫秸）编的笆席，笆席上先覆一层草泥，最后铺白灰加碎石头子混合的灰浆，并捶制成为囤形屋顶。再有改进后的屋顶，是在四边屋檐上加砌一圈条石，并在檐口处安置石制的水流子，这样屋顶排水就不会殃及粗陋的墙体，同时屋顶还可以做得平整一些，成为人们晾晒粮食的好地方，也让屋檐的立面效果显得整齐划一，当地称这种房为"大棰平屋"。

图66 走进长清方峪老村，见不到几个年轻人。老村中只有老人还守着早年的石头屋，年轻人都已迁入新村了。

三、环境篇——城与市札记、速写

（一）集市札记

1. 井字说起

"井"，古制八家为井，也可引申为乡里、家宅。陈子昂《谢赐冬表》中有"三军叶庆，万井相欢"。"井"在古人的生活中，占有非常重要的地位，《易经》称"改邑不改井，无丧无得，往来井井……"是讲村落可能有变迁，但井不能变动，人们来来往往汲水，而井水则依然洁净不变。《孟子》说到古时的井田法，方一里的田，划分成井字形的九等分，四周的八分是私田，中间是公地及宅地，并且掘井公用。井的篆字中间有一点，井是井框，中间一点可以理解为吊桶，以"井"为中心还往往形成交易场所，因此才会出现"市井"一说。

《周礼·考工记》中对城市的布局有这样的描述："匠人营国，方九里，旁三门，国中九经九纬，经涂九轨，左祖右社，面朝后市，市朝一夫。"其中"左祖右社"意思是说皇宫的左侧（东方）建祖庙，右侧（西方）建社稷坛。"面朝后市，市朝一夫"是指市场要建在王宫的后面，宫的前面用作群臣朝拜天子之地。"一夫"指市场的大小，即百步，方形的市场边长约为140米。史学家认为，《考工记》的主体内容应编纂于春秋末至战国初期，也就是中国奴隶制社会走向灭亡，封建社会开始确立的时期，集市贸易也在封建社会制度下开始了新的发展。

中国古时城市的居住区，唐代以前实行封闭的里坊制，如汉代时平民住在划定的各个同里，城市居民是那些不从事农

图67 废弃的老井似乎在诉说曾经的往事。

业劳作的手工业者、商业者等。据说汉长安城就已经有许多交易市场分布在城市的多个区域，尤其是进入城市的交通要道更成为商贾云集的场所。店铺在市内是按所售商品种类排列的，称为"列肆"。"肆"，市中陈物处也，指店铺，如酒肆、茶肆或手工作坊，《论语·子张》称"百工居肆，以成其事"。唐代的交易市场，受到里坊制的制约，坊与市是分隔开的。坊是平民的居住区，市为买卖之场所。唐初长安城内设有东、西二市，亦用墙围合起来，作为商品贸易的指定场所，贸易只能在市中交易，并且有严格的时间限制，《唐六典》中记载："凡市，以日中击鼓三百声而众以会，日入前七

刻，击钲三百声而众以散。"这时的市场已经有专门的管理机构和负责平准市场的物价的机构，称谓是东（西）市局和平准局等。资料显示，唐代长安城内的东西两市已有相当规模，市内被井字形街道划分成大体相等的区域，每个区域内还有许多小的街巷，临街一侧开设有各色的店铺。随着社会的发展，唐中后期各行各业的店铺已不太受"市"的束缚，逐渐渗透到里坊之内。至北宋时里坊制日渐消亡，原居民区的里坊围墙被街市所替代，居民可以临街开门就地经营。所以都城内沿街开设店铺形成的商业街市，已成为城市的新景象，人们熟悉的《清明上河图》就反映了当时北宋汴梁城汴河沿岸繁华街道的市井

图68 （北宋）张择端《清明上河图》局部。

盛况。形形色色的街市人等，与街两边的商家店铺、楼阁屋宇鳞次栉比，热闹非凡的商业街景，证明大宋都城颇具开放性，有城亦有市，城市的发展真正进入了一个新阶段。所谓"城市"实则是城邑与市集的相互结合，"城"是一个国家的行政建制，而"市"则为交易的场所，依靠于城，同时也为城的发展提供了动力。

2．几种集市形式概说

（1）庙市

庙市据说自唐代就有，自从佛教传入中国以后，至南北朝时期有了很大的发展。如南朝四个朝代的历代帝王大多笃信佛教，梁武帝时梁朝有寺庙近三千座，更有数不清的僧尼信众。北朝亦如此，帝王也多为佛教信徒。这个时期社会比较动荡，饱经战乱之苦的黎民百姓与抱负无望、厌倦政治黑暗的文人儒士纷纷皈依佛教或道教，所以那时佛道二教都获得了较大的发展。到唐宋时期，两教文化影响空前，进入到了全盛时期，佛事成为统治阶级政治、文化中一项重要的内容。名目繁多的宗教活动开始出现在人们的社会生活之中，崇佛信道、参与宗教仪式成为善男信女们日常生活中的大事之一。同时以寺庙为中心的各种宗教仪式为吸引更多的信众，也在活动中增加一些娱乐内容，使许多原本不信教的民众也乐于前往看热闹。由于庙会聚集了十分旺盛的人气，一些商

贩不失时机地在庙会附近摆摊设点，出售香火、供品，卖些吃、喝、玩的物品。随着时间的推移，大的庙会逐渐变成一种综合性的民俗活动，并吸引了四方的客商、艺人，其集市贸易活动也越加繁荣，而由此形成的庙会文化更呈现多元化倾向。因此庙市的出现是依托庙会形成的，人多的地方自然会体现商机，因庙会既能满足信众烧香拜佛的精神需求，又有货物买卖以及文化娱乐活动，早已成为各地大型的民间节日之一。如今许多地方还恢复了曾经中断的传统庙会，并且又组织开发了一些新的庙会，只是庙会中宗教活动的内容已经淡化，取而代之的是以展现当地风土民情和地方特色文化氛围为主，同时也是人们休闲、游乐的好去处。

图69　中国各地的寺庙基本都有固定的庙会活动，只是规模大小不同。成都"青羊宫"道观，每年传统的庙会日期间，人潮涌动，非常热闹，而平日则显得安静许多。

（2）夜市

夜市的源起与古时城镇的形成和社会环境、经济发展等有密切的联系，作为一个以提供各色小吃为主的消遣、游玩场所，夜市丰富了市井文化生活，活跃了当地经济。宋代《东京梦华录》就记载了北宋都城开封夜市的繁荣景象，其中的州桥夜市是这样描述的："出朱雀门，直至龙津桥。自州桥南去，当街水饭、熬肉、干脯。王楼前，獾儿、野狐、肉脯、鸡、梅家鹿家鹅鸭鸡兔、肚肺鳝鱼、包子鸡皮、腰肾鸡碎，每个不过十五文，曹家从食。至朱雀门，旋煎羊白肠、鲊脯、炸冻鱼头、姜豉、剽子、抹脏、红丝、批切羊头、辣脚子姜、辣萝卜。夏月，麻腐、鸡皮麻饮、细粉素签、沙糖冰雪冷元子、水晶皂儿、生淹水木瓜、药不瓜、鸡头穰、沙糖绿豆甘草冰雪凉水、荔枝膏、广芥瓜儿、咸菜、杏片、梅子姜、莴苣、笋、芥、辣瓜旋儿、细料馉饳儿、香糖果子、间道糖荔枝、越梅、镼刀紫苏膏、金丝党梅、香枨元、皆用梅红匣儿盛贮。冬月，盘兔、旋炙猪皮肉、野鸭肉、滴酥水晶鲙、煎夹子、猪脏之类，直至龙津桥须脑子肉止，谓之"杂嚼"，直至三更。"㉔从上述内容不难看出，当时都城夜市的风味小吃品种十分丰富，说明光顾夜市的市民众多，夜市也聚集了更多参与买卖的小商小贩。这从一个侧面反映了北宋都市经济的发展繁荣和市民生活的相对稳定。据记载，北宋东京城的夜市，点多面广，买卖种类多样，街头巷尾到处灯烛闪烁，热闹非常。如今许多城市的居民也有逛夜市、吃夜宵的习惯，在一天的忙碌之后，与家人和朋友小聚一番，不失为一种既经济实惠又充满趣味的消遣方式。

（3）综合性集市

综合性集市的特点主要体现在，集市中的商品品种多、种类齐全，这种集市有固定的场所，而且具有一定的规模，商业活动体现连续性，也就是每日都有商品交易活动在进行。综合性集市主要服务于民众的吃、穿、用等日常生活所需，集市贸易与节假日和商品的季节性密切相关，形成有规律的贸易波动，如每逢节假日购物的人群会明显多于平日。而一些季节性的农副产品，往往在上市初期价格会有逐日的差异，换季的商品则表现为月季差异。此外因区位的不同，城市与城市、城市与乡镇的综合性集市在服务范围和职能、形式等方面都存在差异。目前城市中的综合性集市多已从户外转入室内，形成比较大的卖场。

（4）村镇间的定期集市

这种定期的集市形式，也具有相当长的历史，在过去农村中调剂余缺的形式主要靠集市贸易，相对于固定的街市摊位，定期的集市从规模到商品都丰富得多。定期集市的间隔时间各地一般都约定成俗，或逢五排十，也就是五天一次，也有三天一次的。不过定期集市的辐射范围一般在七公里左右，如果这个距离内有相邻的定期大集，时间上多会错开，这样周边的村镇居民要想赶集几乎每天都能有，比较方便。定期集市上的商品主要是当地的农副产品、土特产以及手工艺制品等，也有流动商贩所带来的各色各样的外地产品。这些商贩往往游走于乡镇间的各个定期集市，了解市场行情和需求，是当地外来商品的主要供货渠道之一。定期的集市还有专业市形式，如牲口市、粮食、棉花市等等。每到年关，乡镇间大的定期集市的热闹程度，丝毫不逊于庙市。如今乡镇间的定期集市，也是许多城里人体验地区民俗、民风的必去之处。

从目前有关资料看，现有集市的许多形式类型在唐宋时已经出现，至明清时期更加成熟和普及，各地对此的称呼也不尽相同，江西等南方地区称之为"墟"，四川西南地区称之为"场"，北方各地称之为"集"。

图70 乡村集市

集市一角 07.8.

2009·8·新发大集

站前小吃摊 2005.9.

唐王庙2004.8

壁城鹿王镇之车

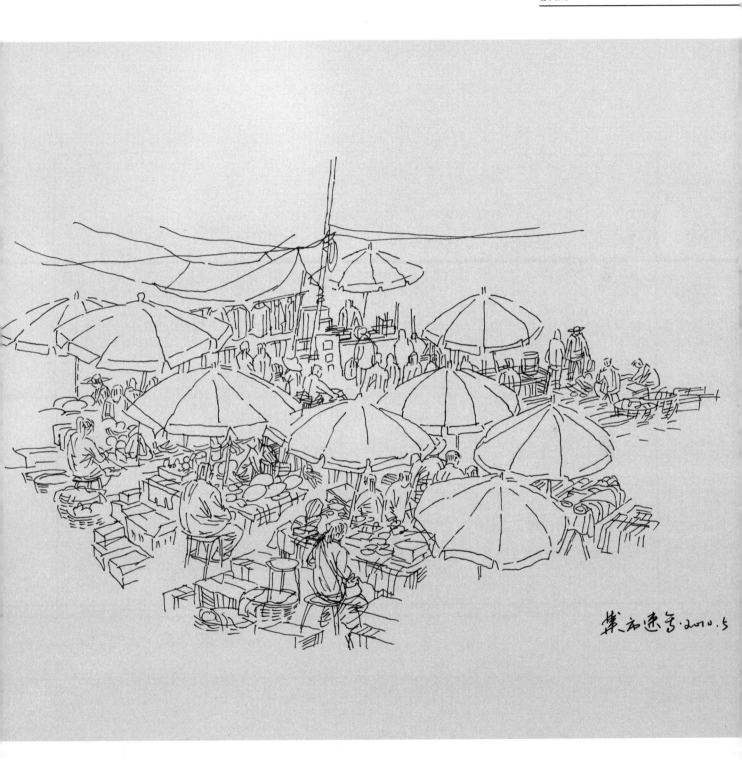

集市速写·2010.5

服装大棚 2008.7

乡村大集 2009. 7. 10

（二）城市环境札记

1. 围合与围困的空间

随着现代社会城市化的进程，人们开始越来越关注城市发展与绿色生态环境建设问题。以往的城市随着人口的增加、车辆的膨胀，形成以高层建筑与立体交通所构成的现代城市环境形象，同时城市的趋同性也越来越强，对城市的大规模的开发，造成的弊端越来越突出，粗线条的城市写字楼、办公区，每栋由汽车所包围的住宅楼，单一开发造成的城市某一街区夜晚的死寂，与此形成对照的是那些渴望安静、安全的旧居住区，却终日被喧嚣的噪音、无序的经营占地现象所困扰。这些在新的可持续发展的文明城市建设的语汇中，都是需要关注思考的问题。对于现代城市来说，更多体现为城市区域的综合性，城市不是各单一区域的组合，施普赖雷根就曾以"城市的复杂性——各种互补性活动的紧密结合——是形成城市的一个主要的原因，也是城市生活的趣味所在"㉕来阐述城市片区或各个组成部分之间的关系。显然这比现代主义建筑思潮将城市当做一部机器，城市被简单地划分为功能相对单一的区域组合，否定了城市生活的复杂性，更符合人们对城市的发展需求，那就是认识到城市是人们居住、工作、休闲、购物和教育的场所，也是商业、工业的重要依托。但这种"紧密结合"经过了城市化运动的快速发展，而今面对城市的污染环境，需要重新对结合或说是混合的尺度等问题进行探究。

城市是个有机的整体，绿色空间环境建设的意义在于保持可持续发展的动力，发展是一种提高更是进步，虽然对一些问题还有争论，但目标是一致的，即如何让生活环境更美好。让我们从城市的增长与环境的关系中思考问题，寻求维护未来城市生活中的质量平衡。

说到围合与开放的空间，自然会离不开"墙"的存在，墙是城市中单位间、区域间的重要分界标志之一。

2. "墙"与城市

早在20世纪60年代，美国学者凯文·林奇在其著作中将一个城市的印象内容归结为是与物质形式有关的，并分为五类：道

图71 当代城市中普遍存在的新区旧区现象。

路、边沿、区域、节点和标志。其中边沿（或边界）"是不作道路或不视为道路的线性要素。是两个面的界线，连续中的线状突变"，而围墙等就包含其中。"是横向的而不是纵向的坐标。也许是一种屏障，当然多少会有些贯通，但使一个区域与另一个区域以此为联系。虽然边沿不如道路的控制性强，但对多数人来说仍不失为一种重要的构成特征。"㉔从传统城市的形态看，城市区域环境的形成，墙是其主要标示物之一。从城墙到院墙，墙的存在不仅是一种功能的需求，也具有其鲜明的社会属性。在封建社会中等级意识表现在人们生活的各个方面，墙也不例外地被深深地打上了等级的印记，京城中皇城的红墙、王府贵族宅邸的高墙与普通百姓人家低矮的灰砖墙有着显著的视觉差异，高墙深院展示了权贵的压人气势，宫墙代表

着帝王的神圣与至尊，皇权的至高无上透过宫墙鲜明地体现出来，它的象征性与标志性影响深远。甚至在当代，人们说起北京，仍然会想到紫禁城，红墙、琉璃瓦，这是城市的底蕴，也是深深的烙印。不同区域环境、生活方式、民俗民风，造就了不同的城市风貌，如江浙一带的传统城乡建筑在形态、尺度及色彩上，体现出一种和谐素雅与宁静的氛围，以人们常说的粉墙黛瓦描绘着江南的诗情画意，构成了古城小镇的主要风貌。

　　如果说苏州的城市风貌如同中国传统的水墨画卷，那青岛就如一幅西洋的水彩画作，西洋建筑的多样造型，艳丽的色彩搭配，黄墙、红瓦的城市主色调，勾勒出城市的特有景观风貌。在老青岛的色彩格局中，"红瓦黄墙"人工之色，与当地的自然环境特性相得益彰，它也凝结了一段城市历史的记忆，成为该城市特有的文化现象。在现代城市发展过程中，青岛就很好地继承和保留了原有的城市建筑特色，那些风格各异的西式建筑，不仅具有历史价值，而且还在于它对区域特色的形成，所占据的主导地位，同样具有不可替代性；其建筑与环境所形成的空间关系，形态优美，尺度宜人，成为青岛城市独有的建筑语境，构成城市发展的重要坐标，是青岛城市的文脉标识之一。近年来泉城济南也开始呼吁要建立自己的城市主色调，

图72　青岛基督教堂，德国占领青岛时期的代表性建筑之一。

这是城市文脉传承的必然，也体现了城市对于自身地域文化的定位和渴求。

3．"墙"与环境

在北方城市中，传统居住形式主要是内向型的合院，建筑的布局是以组成院落为特征，由房屋围合成的院落，使建筑与院落密切相关。民居建筑的后檐墙也就成为院落的主要院墙，自然的围合形式，使得形成的街巷显得纯朴、亲切。现今当我们走在这些古街古巷之中，享受那远离喧嚣的宁静时，会有别样的心境。传统的居家院落就如同士卒一样默默无闻，但整洁、简朴又排列有序，它没有华丽的外表，"墙"带给人们的是一种秩序感和一份宁静。相比之下，现代城市中，建筑都如同将军，似乎都是很有个性和霸气，或是在争当某一阶段、某一区域的"地标性建筑"的主角。城市正在步入另一躁动的时代，"墙"变得让人眼花缭乱，每个立面似乎都很独特，但整体看城市却是无节奏的、缺少个性的。现代城市建设飞速发展，相对于建筑的拆除、重建，墙的拆除就更容易了，因为有时人们容易忽略它。而墙的存在对城市的风貌有重要的影响，同样墙的消失，对城市空间环境改造来讲，应综合地加以考虑，不是简单地一推了事。传统建筑的消失，可以说抹去了城市的一段历史与文化特色，城市失去的是地域文化的归属感，同时也是地方的特色的缺失。那什么是地方特色呢？"就是'一个地方的场所感'。地方特色就是使人能区别地方与地方的差异，能唤起对一个地方的记忆，这个地方可以是生动的、独特的，至少是有特别之处、有自己特点的。地方特色是设计师们所追求的目标之一，而且也是经常被热烈讨论的话题。地方特色有非常明显的、平凡的和实用的功能，因为我们要先能辨认出地方后才能做出有效的行动。其实，地方特色比这含义更深、更有趣。大部分的人都有在一个独特场所体会到独特感受的经验，人们会赞赏这个地方，并同时对其不足之处感到惋惜。"⑦同样，围墙与建筑的立面形态，都是构成城市区域环境的常见要素，运用得当，不仅是区域特色的延续，也体现了当今城市中不同空间在日益混合的情况下必要的适当界定。要保证城市适宜的空

图73 苏州博物馆的风格，汲取了传统江南民居的建筑特色，建筑与院落的组合，重新诠释了民居空间的特征，也将该馆很好地融入城市环境之中。

图74 富有诗意的景观造型，巧妙利用墙的衬托作用，不仅是对传统的感悟，而且体现了用现代建筑语汇升华了古老的文化。

间，就必须认真面对领域、特色、环境等问题并不断寻求新的答案。所以从城市景观的角度讲，其中一项重要的任务是处理好拆墙与补壁、围合与围困的问题。

墙在现代城市中扮演着重要角色，作为一种城市中的景观存在，墙的形、色、质决定了城市主体景观的性格。提到现代城市景观，人们往往先会想到城市绿化、植被覆盖率以及人均绿化面积这样一些关键词，较少考虑到占据城市绝对面积的墙体、建筑立面等也是构成城市景观的重要组成部分。墙的景观价值表现不仅仅是表面化的粉饰，更重要的是有目的地体现围合空间、分割不同区域的作用。我国城市曾经的拆墙运动，虽然打开了封闭的空间，但却又产生了许多的路边店，受商业的吸引，原本静寂的街道变得躁动，大街

小巷处处成为经商之所，处处是嘈杂拥堵的环境。人们受困于噪音、车辆的包围之中，墙的围合性不仅使区域内有安全感，还在于对区域外的环境具有限定作用，有时适当的遮蔽围挡也是一种"美"。从城市区域划分的角度，应该再审视墙的遮挡、围合这些最原始的功能作用，同时结合现代城市景观设计，使城市动静功能分区更加合理。

4. "墙"与景观

中国传统古典园林的建造艺术之中是以墙来划分园林空间的，墙是景区、景观的分隔和控制以及引导的重要手段。对游人来说，园墙体现了一种遮挡后的期待，这些特点契合了中国传统审美观中对于含蓄、幽远之美的追求。因此在园林中，墙是最重要的造型手段之一。童寯先生在《江南园林志》中提到："墙则吾国园林不可或少……园之四周，既筑高墙，园内各部，多以墙划分。"[28]一方面，"满园春色关不住，一枝红杏出墙来"，墙可以成为经营"壶中天地"的屏障；另一方面，"庭院深深深几许"，场景的变化多依靠墙的划分，达到景中有景、园中有园。园林中的墙多以白粉墙为主，园墙既可以作为映衬山石或花木的背景，花木、山石所形成的光影效果，犹如绘在白墙上的美妙画作，为园林增添了不少情趣。同时，常在墙上开设的什锦花窗、漏窗等，所

谓"白粉墙多漏明，即李笠翁所称之'女墙'也。或作砖洞，或以瓦砌，式样变幻，殆无穷尽，各园不同，一园中亦少重复。"[29]这种运用什锦花窗、漏窗以及洞门造型的变化手法，既是对园墙的一种装饰，也是园林中框景、借景的重要手段，更体现了虚实相生、变化对比的艺术佳境。这种空间关系中虚实互补的效果，小中见大，门窗成景，小空间，大意境，折射出中国古代园林的审美情趣与理想美的追求，展示了民族古典园林艺术成就的独特魅力。

目前从墙的视觉形式上看，城市中的墙大体可分为"柔性"景观墙和"刚性"景观墙两大类。"柔性墙"指由藤蔓植物吸附在不同材质构成的墙体上形成的立面绿化效果，它不仅使生硬的墙体看上去充满生机，而且在城市绿地再扩大变的十分困难的今天，无疑又开辟了一片新天地。"柔性墙"体比较低矮，结合绿化构成多种形式的景观墙，墙体就像一个搁置盆栽植物的载体，它所产生的功效对城市来说，使垂直的体面更富于变化，并且可根据季节的不同灵活变换植物的品种。把绿色生态与"墙"相结合，不仅满足了对墙的功能需要，而且起着净化、美化城市环境的作用，减少了城市中的热岛效应，提升了城市区域的绿色占有率。而利用高矮不同的乔灌木群搭配组成的绿化隔离

图75　将植物修剪成一面绿色的"墙体"，不只为形似，因处于干道边，这样既不影响交通，又是一道屏障。

图76　"墙"因材质的变化，其作用不再是单纯的遮挡，而是服从于景观环境的需要。

带，则起到隔而不遮、又透又挡的作用，在此隔挡的是行人的路径，通透的是人们的视野，丰富了有序的景观视觉感受，也起到绿"墙"的作用。应该说所谓"柔性墙"，就是对各种形式的立面进行绿化的过程，或植物"墙体化"的存在形式。因为城市需要绿色，绿色的装点纯朴、自然，胜过其他任何形式的立面装饰。

"刚性墙"。围合空间是第一目的，对硬质墙的设计应注重与周边环境相协调，就整个区域环境来看，高墙大院的封闭空间也需要从景观环境优化的角度加以考量，应运而生的是现代城市中出现的"文化墙"，就是一种对墙体立面的美化。但是现今人们对"文化墙"的运用，存在很多误区。一方面，过分地强调传统文化而忽略了与大的景观环境的协调性。墙的景观表现，不必都要刻意地加上文化的内容，那样做有时反而会显得十分生硬。墙多数情况下应作为城市的一种景观背景来利用，因为墙的性质决定了所使用材料不可能会是高档的、昂贵的材料，通常是采用较为低廉的材料，而体现文化性和艺术性则需要在材料的运用上做到有针对性，这时好的设计方案就显得十分重要。但文化墙往往欠缺的就是这一点，尤其是一些廉价的所谓文化墙"壁画"，粗糙的工艺再加上平庸的造型，常会造成景观视觉环境的新的紊乱。因为环境艺术品的存在应该是整体环境的组成部分，或着有相应的环境条件，如果只想用艺术品自身提升环境水平，而忽视周围环境对艺术作品的作用，那只会玷污了艺术作品。墙的景观作用应是一种悄然的默默的滋润，体现平淡与无争，这才是现代城市景观应该追求的。景观未必都要有引人入胜的造型、色彩和材料，而看似不经意的视觉表达，更能表现出城市景观张弛有度的节奏感。目前城市中"抢眼"的东西太多，使人们的视觉感到疲劳，每一处都是重点也就没有了重点，造成城市景观表现为局部的争艳与整体感的迷失。墙作为景观"背景"的"简单"处理让城市景观有了主次，用质朴淡雅的墙体作为衬托，追求的是城市景观整体的自然朴素之美。

全面解读墙在城市中的存在与运用，目的是在生态环境设计的理念下，实现环境功能的安全、舒适、经济、便利，其形态表现的艺术性，不只是墙体表面简单的分段美化，应具有更深、更广的含义。墙既然是城市景观环境的一部分，是一种相对持久的存在，不同的材料体现了墙的适用变化，那这种变化同样是有序的、完整统一的，并传达出这个城市（至少是一定区域）的整体风貌。要实现与环境的协调，不仅是一面墙的问题，它是环境综合治理的一个方面，只有环境优化了，墙的形式才能多样变化，这是动态过程中的相互促进。

当今城市，市民被动接受的环境范围越来越广，人适应环境还是环境适用于人，城市空间景观环境的重要性就是为城市居民提供以人为本的生活和工作环境。如果连这一点都不能很好地区分，城市空间将惯性地发展下去，会变得越来越漠视人们对现代生活的基本需求。面壁不一定

都是思过，重视寻常的"墙"在城市景观中衬托、协调环境的作用，重新评价区分城市动静区域的意义，力求人居环境与城市发展之间的和谐。现代城市提倡"城市让生活更美好"，而这种美好的首先要求是能够为城市居民提供安静、舒适的居住环境。

图77 用墙来维护小环境，说明大环境存在许多不足，大环境改善了，维护小环境的墙就变成一种象征性的限定，界面变的亲切、友好。

CONRAD BALI

灯一观上海世博会

行云人与上海的街头框牌望 2010.

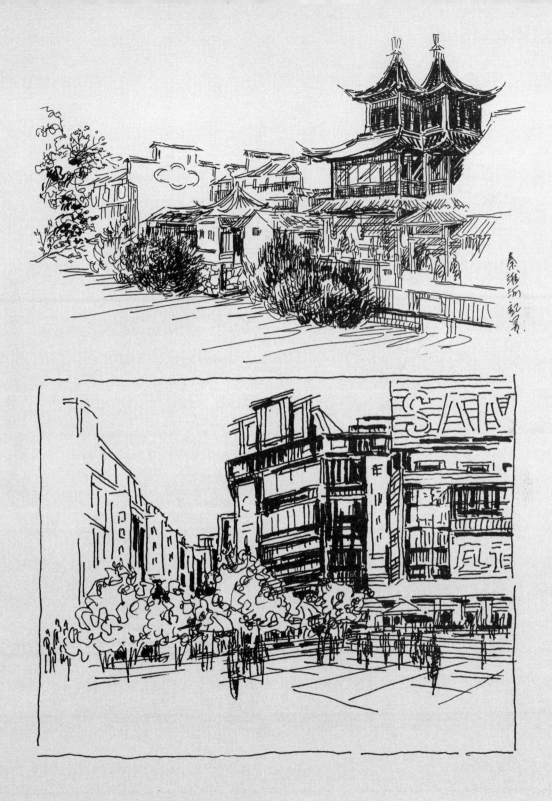

上海的南京东路是国内
著名的商业街。百多年
来一直是上海商业繁荣的
中心。外地人到上海必须
去逛逛。如今的大上海
虽然有些地方更为但

青砖瓦的恢弘是外观的首先。绕入进去时热闹氛围的地方看到同有。不过。仍是
最的繁荣路是地道的上海人活动的场所。无论沿平奔的铺地。仍夜灯光。挤而来、也是
最繁华活动的时地方。红色的放岗岩在营造了热烈的氛围。行道树、敷坛、栽植物
是绿化之不可少。当街攻差客的铺行时也有格外进都的。

仿古修葺的老宅门
街东口入口 2008.

青岛观象山附近街景·山中写记

5.城市里的老街

（1）高淳老街

高淳地处南京市的南部，属南京市下辖的一个县。与中国大多数的县城一样，至20世纪70年代初高淳还没有一条像样的沥青路。据有关资料记载，建国前"县城居民住宅都是瓦房，大部分是明清时代所建。居住形式有的是家小店，家连店，店连家；有的是私人住宅，单门独户；有的是祠堂、庙宇、会馆的公房，同门出入，一住几户。县城外围一般是瓦屋，建筑密度大，日照采光条件差，屋内阴暗、潮湿"[5]。60年代初县城才出现第一座住宅楼，这期间的住宅建设基本是清一色的砖木结构的平房。从20世纪80年代开始，县城的建设日新月异，那时一个县的建筑公司就曾经承建了县城内大部分的重要建筑，包括剧院、医院、车站、银行、商场等。如今的高淳县城已是高楼林立，道路宽阔，成为一充满现代生活气息的小城市。在高淳有一条古老的商业街，现名中山大街，不过当地人更习惯称之为老街。老街的历史据说可以追溯至明代，这是一条"一"字形长街，街宽四米左右。老街

图78 高淳老街的街景。

每隔一段距离就有横向连接的小巷，许多小巷曲曲弯弯，十分狭窄，将老街与周边的街道连通起来，组成一片纵横相交的临河街区。老街的路两边由青石条铺地，中间用泛红颜色的胭脂石铺就，两侧的临街店铺多为砖木结构的二层楼房，一般是一层为店，二层住人。房屋高低错落，马头墙、青瓦顶，建筑具有徽派与江南建筑的特点，这也许与明清时期许多来自安徽的商人在此经商不无关系。店铺采用常见的可拆装的板搭门，使营业空间显得开放、敞亮。从正面看，店铺立面外露的木构件用料粗犷，门柱上常有装饰性的木雕梁托，雕刻古朴、生动，是老街商家门前独具特色的古老文化印记，内容多为寓意吉祥的人物、动物及植物等，如：马上发财、太平有象、事事如意、和合二仙等，还有武财神赵公明的形象。此外沿街许多店铺的匾额制作也十分讲究，据说当年店家开业前，一定要请名人为其题写店名，所以老街大一些的店门前匾额上的字体往往刚健潇洒、颇具神采。与匾额相呼应的还有各店家的旗幡招晃、实物招晃等，各色旗幡、琳琅满目的土特产、满街的大红灯笼，将老街装扮得缤纷夺目，充满浓浓的古韵。

"杨厅"是老街目前存留的一处比较有代表性的前店后居形式的大宅，临街的店铺后面是账房和客房，二层的阁楼作

为仓库，中间是一天井便于通风采光；第三进的一层由堂屋和寝室组成，中堂的条案上供奉着福、禄、寿三星，两侧分别摆放着一个瓶子和一面镜子，这在皖南徽居人家中也十分常见，取"瓶"与"镜"的谐音"平平静静"，期盼生活安康。中堂的左右两侧是卧房，二楼是小姐的闺房，通往二楼的楼梯在顶部做有一翻板，放下

图79 杨家小姐的闺房，室内显得比较幽暗，落地窗的运用使传统的空间具有了新意。

时与楼板地面齐平，插上腰杠下面的人就上不去，这样闺阁就更加私密。闺房的格局与一层相仿，中间大一点的如现代的起居室，两边是卧室，房间的南立面有一排落地的窗户。窗户的棂心分别由十字圆心和菱形花心构成，上下两排，下面是固定的，上排是可以开启的小扇窗，整体十分别致；再者起居室的屋顶还开有几个透光的小天窗，使得室内增添了许多光照的变化，也多了一份情趣。

以往高淳的手工编织曾经是一项传统的副业，由于区域内湖泊河流交错，沿湖地区利用芦苇、蒲草等做原料，进行芦席、蒲包的编织。高淳县志记载：旧时有的农家妇女，晚上不点灯，摸黑编织，手脚麻利，速度很快，一夜能编织蒲包二十余只。织网也是当地的一些百姓的家传手艺，不少上至70岁的太婆，下至八九岁的女娃们，结网技艺娴熟到闭目引线的程度。所编结的鱼网，品种繁多，按鱼的种类分为大鱼网、小鱼网、蟹鱼网、银鱼网、鳜鱼网、鲇鱼网、鲢鱼网等，共一百余种，适用于江、湖、河、塘等各种水面的捕捞。㉛现今传统的手工制品已不多见了，只有高淳的羽毛贡扇、老街上的布鞋等少数当地的特色产品保留了下来。高淳的老街同我国大中城市中幸存的一些老街老巷一样，都是一个城市的历史记忆，城市中保留这样有特色的老街区，等于开了一扇展示当地传统民俗文化的窗口，也让人们对该城市发展的历史足迹有了比较直观的感受和了解。

高淳老街中的一个石牌坊
是老街中一处重要的街景点。

213

（2）周村大街

淄博的周村地处山东省的中部，战国时期周村属齐国的於陵邑，历史上周村及周边地区就是我国传统桑蚕丝纺业的主要产地，近年来据专家考证，周村区域也是汉代以及唐代"丝绸之路"贸易的主要货源地之一。悠久的桑蚕文化在周村源远流长，当地曾流传一首民谣"桑植满田园，户户皆养蚕；步步闻机声，家家织绸缎⑫"，就是对以往年代丝织业兴旺景象的生动描述。自清康熙年以后由于免纳集税的优厚经商条件，刺激了当地经济的发展，南来北往的货物齐聚于此，周村成为当时内地重要的商贸活动城镇。乾隆南巡时曾来周村，见市面繁荣，御赐周村为"天下第一村"。18世纪末（嘉庆年间），周村的商业城镇地位得到进一步加强，《长山县志》记载："周村镇百货丛积，商旅四达。"又曰："周村，烟火麟次，泉贝充牣，（泉贝，古时对货币的一种称谓；牣，满也——《说文解字》）居人名为旱马头。"因其便利的交通环境，为商贾往来的停泊之所，当地被冠以"旱码头"的称誉。清朝末年，周村的丝绸贸易更加繁盛，曾有评价称周村那时是"鲁省经济发达，民阜物殷，交易极盛，惟时，省内商业中心为烟台、胶州、周村、潍县四处"。⑬同时在各行业中，传统的绸布行业始终占据销售的首位，周村成为省内各地桑蚕丝业的贸易中心，并依托周边各县蚕桑养殖和种棉的优势，形成种植、丝纺、棉纺、绸布交易等在内的巨大产业链。

伴随着商业的不断发展壮大，周村的商品分类愈加细化，也因丝绸、棉纺业的兴旺带动了周村其他各业的蓬勃发展，当地渐渐出现了不同商品的专业销售市场，根据经营业的不同，仅在周村古商业街，又分大街、绸市街、银子市街、丝市街等，繁荣时期曾有数十条商业街，贸易往来不仅遍及省内外各大城市，甚至还做起了海外生意。大街是古商业街中主要的一条街，以往这里主要是棉布、杂货、百货、五金行等集中于此。绸布街顾名思义是绸缎行集中之地，银子市街上则汇集了众多的票号，多为晋商在周村开设

图80 如今"大街"以多种方式向现代人演示曾经的历史与故事。

的早期钱庄。到20世纪初，周村辟为商埠后，在周村的钱庄中一直是晋商所开的票号据统治地位，这其中包括“大德通票号以及大德川、大德恒等多家山西知名票号。此外，凤凰门外为米市；油坊街北梢门外为粮食市；准提庵前为布鞋市，后为鸡市；南下河西段至骆驼崖为菜市；骆驼崖以南河滩里为牲口市……”[34]由此可以看出大小集市、专业市街已成规模，并且遍布周村各处。古老的周村包括瑞蚨祥、谦祥益、端生祥、端林祥等多家知名的绸布店都是先后从这里开始创业之路的，其中谦祥益（原名恒祥布店）是较早在周村开业的章丘旧军镇孟氏家族的绸布店，后在全国多个城市设立分号，如北京、天津、汉口这些大的城市中都有其门市。而瑞蚨祥（前身万蚨祥）自年轻的掌门人孟洛川开始，由于其善于经营，生意逐年红火，后来居上，其“至诚至上、货真价实、言不二价、童叟无欺”的经营宗旨，也使孟洛川成为一代鲁商的突出代表。1893年（清光绪19年），善于把握商机的他，一次拿出八万两银子在北京大栅栏置地开店，据资料记载，“当时纹银一两约可买到猪肉25斤，面粉50斤，瓦木工每日工资仅得0.2两。”[35]可见孟掌柜的实力与魄力。瑞蚨祥日后则为名冠京城的最大的绸布庄，在经商黄金地段大栅栏拥有多处分号。

图81 位于北京大栅栏的“瑞蚨祥”绸缎庄。

20世纪20年代，随着洋货不断地充斥市场，尤其是外国人造丝的进入，使内地的桑蚕丝织业受到巨大冲击，影响了周村经济的发展，当地贸易日渐衰落。

周村古商业街是周村以往传统手工业与商业贸易繁荣的见证，周村古街的商家店铺多为传统商业建筑形式，由一层或两层的门面房和后面的几进院落组成，采

图82 周村大街街景一瞥。

取传统的前店后坊或上居下店的形式，也就是将加工、仓储和居住与店面销售联在一起，是比较典型的家庭作坊式的经营模式。商业街内的巷子口，基本都有过街的大门，临街的店铺后面都是住家。本世纪初"大街"等重新开街时迁走了部分原住户，舒缓了以往经营业户拥挤杂乱的局面，也使改造修葺后的商业街有了合理的人口密度。古街青石板铺地，两侧店铺青砖黛瓦。店面雕梁画栋，古色古香，古韵悠长。商家的招牌分木制匾额、石块嵌墙式、旗帘文字幌等形式，花样繁多，引人注目。古老的商业街又恢复了昔日商贾云集的兴隆景象。在中式店铺林立的古街，也有近代所建兼具中西风格的商业店铺和当时外国资本经营的西式风格的商业建筑。如今的古商业街及传统的建筑虽然只保留下来一部分，但已成为当代研究鲁商文化的重要载体，鲁商"信守以德、诚信为本"的商业道德，在当今经济大发展的历史时期，具有广泛的社会意义。

周村大街临街的店铺已丑料记

中午时乡间小镇古街行人不多建筑为传统旧形式

（三）园林札记

1.园林与造园要素

在中国传统造园艺术中，湖石与组成环境的其他要素，如建筑、理水、花草鱼木等，构成了总体的和谐平衡，并与建筑的规范有序和装饰风格的雕梁画栋，形成形态上、色彩上的对比性点缀。在环境空间中湖石的形态无疑构成视觉上的焦点，它既具有竖向空间的过渡与分割作用，又是自然山水意象的浓缩表现，还象征着一种精神与品格，园林中正是由于石的存在才会有山川的奇峻、独峰的灵秀。我国传统园林的四大基本类型中一半的服务对象是造园的主人及其周围特定的人群，无论是皇家园林，还是私家园林都属于私有空

图83 扬州"个园"的叠石，根据不同石料的特性，创造性地表现了春、夏、秋、冬四季假山景象。

间。受传统文化的影响，造园不仅是一个居住、休闲、娱乐的空间，同时也反映了造园"能主之人"的艺术品位和审美需求。

叠石造景是中国园林的基本要素之一，妙在利用各种石头的不同质地、颜色和形态，艺术地概括和表现自然山川的神奇与秀美。这种用石造景的方法既体现了自然之美，又具有不落人工再造的痕迹，明代计成在《园冶》中就曾言道："多方景胜，咫尺山林……山林意味探求，花木情缘易短。有真有假，做假成真；稍动天机，全叨人力。探奇投好，同志须知。"㉞园林中的叠山造景等表达了古人寄情于自然山水的情感归宿以及崇尚心灵、智慧与客观世界的相互交融，并追求自然天成的审美意趣。中国园林讲求神似不求形似，"妙在似与不似之间"，通过造园之美，抒发一种情怀，体现一种理想，孜孜以求的"意境"成为中国造园艺术的最高境界和根本目的。

传统园林中叠石造景的表现方法很多，其中如独石孤置、点石成景等都是十分出色的造景艺术手法。选作独石和点石的石料则多是以玲珑别透、形态优美的太湖石为主，所选太湖石应具备瘦、漏、皱、透、拙、丑等特点，历经风浪激打的湖石，形态各异。但要找寻符合造园要求的大型湖石，并不容易，需要采石人深入

水中"度奇巧取凿",其艰辛度可想而知,且多为可遇不可求,所以为觅得一神形俱佳的湖石,造园者常不惜重金相求。品相好的湖石被视作镇园之宝,冠之以美名,倍受呵护。中国传统文化中,善于将自然的事物、无生命的材料加以拟人化的表现和赋予生命的意义,从上古神话到古典名著,尤对本无生命、生冷坚硬的石头,赋予了极大的情感热情。石头作为一种生命力的象征,代表了坚韧与顽强,但也有孤傲与玩世不恭的一面。人们往往借石为题有感抒怀,理解、体会自然之精神,乐在其中又超然界外。中国传统园林中的独石、点石从空间形式看,就是一座座抽象的雕塑,展现了中国造园艺术追求天然之趣的基本信条。

山东潍坊有一处著名的私家园林"十笏园",主人系清代潍县首富丁善宝,故也称"丁家花园"。该园建于清光绪11年(公元1885年),原址最初是明代嘉靖年间刑部郎中胡邦佐的故居,后由丁善宝购得,在原基础上掘塘开池,叠石成峰,建楼、堂、亭、榭、曲桥、游廊。园子面积虽小,但构思巧妙,布局严谨,体现出较

图84 潍坊"十笏园",园虽小但因布局精巧,充分利用了有限的空间,含蓄委婉地展现了自然山水之美。

图85　园林中的洞门丰富了园林的空间层次，特别是门前景物的设置，使洞门具有框景成画的作用。

高的园林意境。因为小，主人以"十笏"来命名，"笏"是明代以前臣子上朝面君时手里拿着的朝板，《礼记》中记载"笏长2尺6寸，中宽3寸"，"十笏"则形容面积狭小，亦是谦逊的表示；规模小也是私家园林的特点之一。

十笏园平面呈长方形，主要由东、中、西三大部分组成，轴线分明，其建筑布局以四合院形式为主，并兼具江南园林空间的灵巧性。十笏园中部进大门后辟花园为园中园，池水如镜，池东依水造山，西侧游廊环绕，池中"四照亭"、"漪岚亭"等亭影入池。站在池边，俯视碧波，莲花朵朵，举目见砚香楼、春雨楼临水而立，建筑与叠山、理水和花木造景相得益

彰，园中有景、景中有情，置身其中，让人美不胜收。园的西部主体建筑为丁氏书斋和迎宾会客之所，有静如山房、深柳读书堂、颂芬书屋、小书巢等。"深柳读书堂"之名取自唐代诗人刘眘虚的诗《阙题》中"闲门向山路，深柳读书堂"之句，意为柳荫深处掩隐着的书堂，是读书的好地方。该园东部为两路院落，是主人及家眷的内宅，也是家人生活起居、读书等进行日常内部事务的活动空间。内宅中充满文人气息的碑廊引人注目，其画竹石刻再现笔墨风采。竹子自古被国人所称道，视为有君子气节，象征刚直不阿的美德，无数文人墨客爱竹、咏竹，苏轼称它"肃然风雪意，可折不可辱"。

园林中多以墙来划分景区空间，增强园林景致的变化，而随墙洞门则是常见的空间转化的出入口。洞门是在墙上开个洞，一般不安装门扇，比较随意，圆形的就是人们常说的月亮门。十笏园中建有多种形状的洞门，并具有很好的装饰性。此外园中洞门所具有的框景、对景作用，展现了独特的艺术魅力，营造了委婉含蓄的园林意境。例如园中"鸢飞鱼跃"六角门前的独石，使门洞两侧的景色迥然不同，人们往来观赏，感受一水一石，两处景致相互衬托、相互对映显得很有趣味。独石丰富了视觉效果，升华了空间的艺术氛围，正如《园冶》所说："触景生奇，含

情多致，轻纱环碧，弱柳窥青。伟石迎人，别有一壶天地；修篁弄影，疑来隔水笙簧。"[37]

十笏园在有限的空间中，浓缩了自然山水之美，并具有浓郁的书卷气息，园中亭台楼阁、假山池塘、书斋碑刻、小桥回廊处处含蓄雅致，既厚重又秀丽，融北方和江南园林风格于一体，是私家园林中小中见大的佳作。如学者所评价"潍坊十笏园，园甚小，故以十笏名之，清水一池，山廊围之，轩榭浮波，极轻灵有致。触景成咏：'老去江湖兴未阑，园林佳处说般般；亭台虽小情无限，别有缠绵水石间。'北国小园，能饶水石之胜者，以此为最。"[38]

2.园路与铺装

首先，中国园林中的路径与园林的艺术风格相统一，园路铺装属于园林铺地的重要组成部分，也是园路设计成败的关键因素之一。传统园林的园路讲求具有景观功能，也就是园路的规划设计要符合园林整体的造园理念，中国园林以追求自然之趣为基本信条，其园林艺术体现了"道法自然"、"天人合一"的思想观。在这一观念指导下，园林成为主客观交融互动的产物，绝不仅仅是对自然的简单模仿，主人在人工的"自然"环境中，得到的是心灵上与自然的融合，体会自然之精神，更是一种美的联想。老子曰："曲则全，枉则直，洼则盈，敝则新。"[39]不仅在现实生活中人们应辩证地看待事物的发展，例如谦让与保全、枉曲与伸展、不满与充盈、旧与新等问题，同样在园林美学原则中我们也不难体会出其哲学的根基。在这里，道家哲学中的方法论对园林艺术实践产生了重要影响，它让设计者懂得透过现象把握事物的内在联系，发现事物矛盾之间可以相互转化的关系。

中国传统园林中园路的景观功能，体现在路线形态的变化上，曲径通幽是园路设计的原则之一。首先因地势而建，通过恰当的曲折变化，使路径更富有节奏感。而这种变化的主要目的不仅仅是路线本身，更是景观观赏的需要，在步移景异中将人们从一个景点带到另一个景点，体

图86 竹林间一条鹅卵石铺装的园路蜿蜒曲折，营造出清丽、淡雅动人的氛围。

图87 苏州拙政园。园路上的"五福捧寿"装饰性纹样。

也。"④

此外园路的景观功能还表现在路面自身的装饰性上。传统园林中园路优美的图案，形式多样，题材丰富，所用材料以鹅卵石、碎石、条砖、瓦片等为主。《园冶》中列举了四种代表性的地面铺装，包括乱石路、鹅子地、冰裂地、诸砖地等，乱石路为"园林砌路，堆小乱石砌如榴子者，坚固而雅致，曲折高卑，从山摄壑，惟斯如一"。鹅子地是"宜铺于不常走处，大小间砌者佳；恐匠之不能也。或砖或瓦，嵌成诸锦犹可。如嵌鹤、鹿、狮球，犹类狗者可笑"。冰裂地则是"乱青版石，斗冰裂纹"，"砌法似无拘格，破方砖磨铺犹佳"。至于诸砖地，《园冶》中还以图例形式列出如人字式、席纹式、海棠式、四方间十字式等多种。

对于铺地，总体上《园冶》中有详细的描述，曰："大凡砌地铺街，小异花园住宅，惟厅堂广厦中铺，一概磨砖，如路径盘蹊，长砌多般乱石，中庭或宜叠胜，近砌亦可回文。八角嵌方，选鹅子铺成蜀锦；层楼出步，就花梢琢拟秦台。锦线瓦条，台全石版，吟花席地，醉月铺毡。废瓦片也有行时，当湖石削铺，波纹汹涌；破方砖可留大用，绕梅花磨斗，冰裂纷纭。路径寻常，阶除脱俗。莲生袜底，步出个中来；翠拾林深，春从何处是。花环窄路偏宜石，堂迴空庭须用砖。

现了在连贯中产生变化，并有目的地将人们的视线导向选定的空间景色，它使空间得到了延伸，空间变得更富于层次感。在起伏不定、弯弯曲曲的路径中，适时的停留以及方向的改变都是为了引导游人的观赏行为，最大限度地给予观者轻松愉悦的美感。曲径也符合中国人含蓄、婉转的表达方式，给人以无限的期待和联想，一切看似自由随意的安排，却是经过精心细致的设计布置而获得的。曲径之妙还在于合乎自然之势，要避免生硬和人为造作的痕迹，贴切的园路形式与环境相融洽，自然、流畅尽显"自然天成之趣"。正如《园冶》中对廊者的论述："随形而弯，依势而曲。或蟠山腰，或穷水际，通花渡壑，蜿蜒无尽，斯窬园之'篆云'

各式方圆，随宜铺砌，磨归瓦作，杂用钩儿。"[41]

计成对铺地的详述用现代话说，可以理解为：大凡铺设街道和地面，花园与住宅略有不同。只有在厅堂大厦之中一律用水磨方砖铺设地面，如曲折的小径，路线常用多种乱石砌筑。庭院中用砖铺成叠胜的形式，近阶处也可用回文式。方格内嵌八角的，选用卵石铺成，如同蜀锦纹样。层楼前雕琢出步，临花木构筑高台。锦线用瓦条尺砌，台面用石板平铺。花前席地吟诗，月下饮酒醉卧，则石板若铺毡。废瓦片也有巧用之时，可削铺成湖石的地面，犹如波浪汹涌；破方砖留着可供大用，绕梅花拼成花纹，如呈冰裂纷纭，梅花好似傲立冰雪之中。路径虽属普通之工，阶庭要无尘俗之气。这样的铺地，宛如足下步步生莲花，佳丽在景中游嬉；林间拾翠羽，不知春色何处是，花木间的曲径最好石砌，厅堂周边的空地，须用砖铺。铺地形式多样，有方有圆，各有不同，铺砌时要注意与环境相协调。磨砖虽属于瓦匠，杂活还需要小工来干。

中国传统园林路径，是在缜密设计组织中体现出一种灵秀的美，像流动的潺潺溪水，虽没有磅礴的气势，但以似水的柔情给人一种亲切感。园路是园林的脉络，它将各种空间要素串联起来，对于景观界面来说园路因地势而变，综合形、色、质、尺度等几个方面的构成要素，既是蜿蜒曲折形态的变化统一、自然协调、超凡脱俗，又以自身细部处理的多变及趣味性，吸引人们的视觉，尽显魅力与活力。

图88 园路的铺装从材质到纹样与环境搭配协调，给人以美的视觉享受。

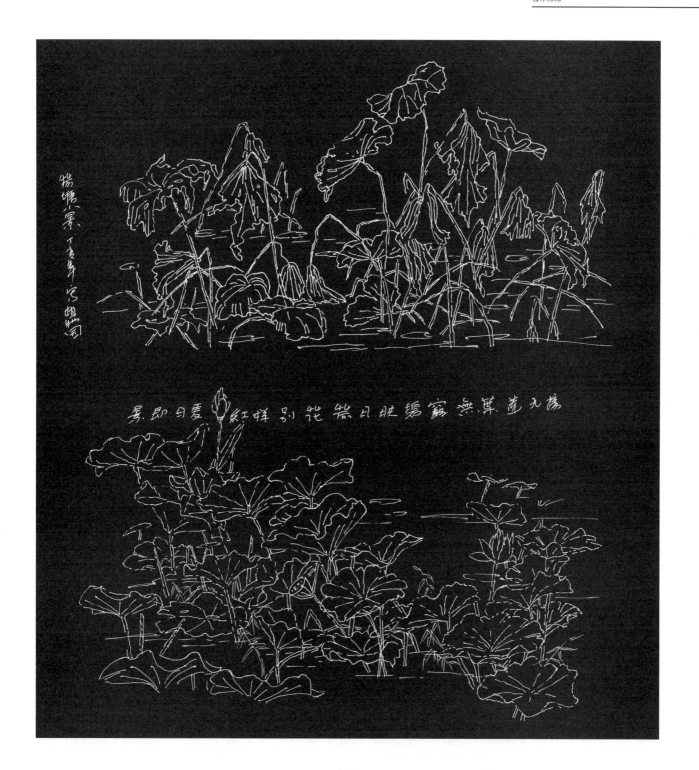

BALI TROPIC 酒店庭院
中盆栽酒瓶椰红树.

拙政园·2006·4·zheng

2009.5 写于荷园

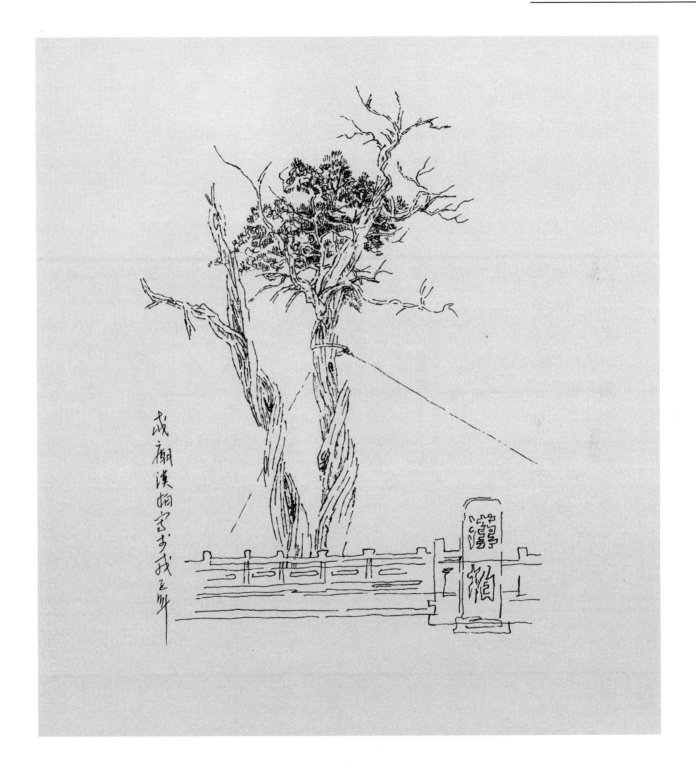

巴厘岛为之行第二目由题物此雕岁生阁
店入口零如国人意心加端鲁尝动修故影
响为如有辞为刻像 去次雕物之地为
巴厘岛如作 某二种 第件之品 只有

实园人散来巴厘岛旅游径如雪
游离力为多凯を二题如商店人
也应为去此最棚顺但写之记之

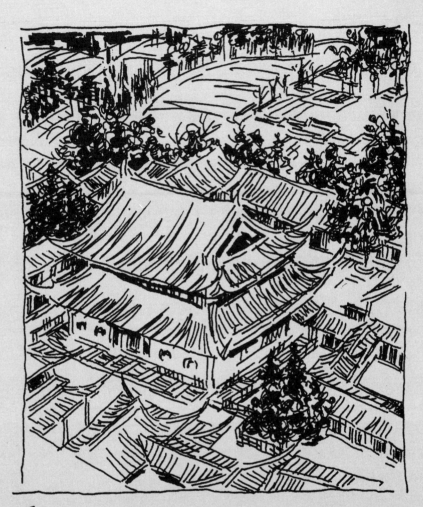

墨色重的米经像住的小构图给以了么似写。墙内图
十么阶级。有略知细坪山秀镜。起沅堡墨家以左人家言得。
也是柳武到统沅房和杨小秀。这是年。山青和小构图
在家记·镇江·2008.

后 记

　　前两年因教学需要曾编写过一本《建筑场景速写》的教材，也是由山东美术出版社编辑出版的，教材写作过程中，在整理自己以往速写稿时，略感宽慰的是，这些年也积累了一定数量的写生作品。经常画点速写是自己喜欢的一种写生方式，起初是学生时代养成的习惯，那时火车站、市场都是自己周末常去的写生点。任教以后因为常给学生上速写课，所以也没间断过。2002年以来山东艺术学院环境艺术设计专业的速写课，侧重于建筑写生，因此建筑特别是民居建筑画得多一些。原先速写民居只是一种写生练习和兴趣爱好，随着对民居接触的增多和专业的需要，对民居的认识就不满足于只是通过绘画来展现了。我国传统民居历史悠久、内涵丰富、形式多样，各地民居因不同的区域环境和不同的生活习俗，建筑风格精彩纷呈，值得学习、研究的内容实在丰富。

　　自20世纪90年代起，民居研究进入一个蓬勃发展阶段，随着越来越多的专家学者关注民居，尤其是近年来对传统民居的研究愈加广泛、深入。沿着诸多开拓者的足迹，在此期间，自己在考察调研的基础上，认真阅读了当代有关民居的大量学术著作，专家学者的许多真知灼见让我感悟良多，同时也有了将这些年自己对民居考察调研所得，以及对建筑与环境等相关研究、体会总结一下的想法。本书以速写为线串联起建筑与环境的内容，对选取的部分地区民居，主要从民居与环境的关系、民居与民俗、民居的风格特点等几个方面进行介绍，环境还涉及现代城市公共环境的研究。本书文稿和速写都是不同阶段完成的，意在体现当时的真实感受和对建筑与环境的理解，虽然进行了一定的修改、调整，但难免还有不当之处，在此一并坦诚地面对读者，希望能得到您的不吝指正。

张勇

2012年5月于山东艺术学院

注 释

① 王伯敏，《黄宾虹画语录》：上海人民美术出版社，1961：41.

② （宋）郭熙著，周远斌点校.《林泉高致》：山东画报出版社，2007：26.

③ 周积寅.《中国画论辑要》：江苏美术出版社，2007.

④ 周积寅.《中国画论辑要》：江苏美术出版社，2007：115.

⑤ 叶宗镐.《中国画的精神》载《傅抱石美术文集》：江苏文艺出版社，1986.

⑥ 傅抱石.《山水人物技法》：上海人民美术出版社，1957：6.

⑦ （英）贡布里希 著 范景中 译 林夕 校.《艺术发展史》：天津人民美术出版社m，1988：8.

⑧ 宗白华 著.《美学散步》：上海人民出版社，1981：141.

⑨ 《中国画论辑要》：429.

⑩ 北宋·韩拙.周积寅.《山水纯全集》载《中国画论辑要》：江苏美术出版社，2007：430.

⑪ 戴勉 译.《芬奇论绘画》：人民美术出版社，1986：56.

⑫ 戴勉 译.《芬奇论绘画》：人民美术出版社，1986：57.

⑬ 申松欣.李国俊.《康有为先生墨迹》（二）：中州书画社，1983：120.

⑭ 水如 编.《陈独秀书信集》：新华出版社，1987：240.

⑮ （英）贡布里希 著 范景中 译 林夕 校.《艺术发展史》：天津人民美术出版社，1988：365.

⑯ 单德启 编著.《中国传统民居图说——徽州篇》：清华大学出版社，1998.

⑰ 陈从周 著.《说园》：同济大学出版社，1984：78.

⑱ 南浔镇志编纂委员会.《南浔镇志》：上海科学技术文献出版社，1996：2.

⑲ 南浔镇志编纂委员会.《南浔镇志》：上海科学技术文献出版社，1996：4.

⑳ 童寯.《江南园林志》：中国建筑工业出版社，1984：38.（原文为繁体字）

㉑ 南浔镇志编纂委员会.《南浔镇志》：上海科学技术文献出版社，1996：398.

㉒ 编委会.《走遍聊城》：聊城市旅游局，2002：201.

㉓ 《沂南文史资料汇编、第5辑》：沂南县地方史编纂委员会，1990：214.

㉔ （宋）孟元老 撰 王永宽 注释.《东京梦华录》：中州古籍出版社，2010：42-43.

㉕ [英]克利夫·芒福汀 著 陈贞 高文艳 译.《绿色尺度》：中国建筑工业出版社，2004：141.

㉖ [美]凯文·林奇 著 项秉仁 译.《城市的印象》：中国建筑工业出版社，1990：42.

㉗ [美]凯文·林奇 著 林庆怡 陈朝晖 邓华译 黄艳 译审.《城市形态》：华夏出版社出版，2001：93-94.

㉘ 童寯 著.《中国园林志》（第二版）：中国建筑工业出版社，1984：13.

㉙ 童寯 著.《中国园林志》（第二版）：中国建筑工业出版社，1984：13.

㉚ 高淳地方志编纂委员会纂 主编 薛兴祥.《高淳县志》：江苏古籍出版社，1988：

㉛ 高淳地方志编纂委员会纂 主编 薛兴祥.《高淳县志》：江苏古籍出版社，1988：

㉜ 沈旭东 胡明基主编《天下第一村——周村》：山东友谊出版社，1988：92.

㉝ 李红生 王林 本卷主编.《山东通史——近代卷》……（下册）：人民出版社，2009：304.

㉞ 李红生 王林 本卷主编.《山东通史——近代卷》……（下册）：人民出版社，2009：304.

㉟ 中国科学院经济研究所 中央工商行政管理局.《北京瑞蚨祥》：（典型企业调查资料）（资本主义经济改造研究室编写）生活、读书、新知三联书店出版，1959：9.

㊱ 八 掇山 明 计成 著 陈植 注释.《园冶注释》，中国建筑工业出版社，1988：206.

㊲ 五 门窗 明 计成 著 赵农 注释.《园冶图说》，山东画报出版社，2003：167.

㊳ 陈从周 著.《说园》：同济大学出版社，1984：80.

㊴ 《道德经》第二十二章

㊵ 明 计成 著 赵农 注释.《园冶图说》（十五）廊：山东画报出版社，2003：100.

㊶ 七 铺地 明 计成 著 陈植 注释.《园冶注释》：中国建筑工业出版社，1988：195.

注释

1.《窑洞民居》候继尧 任志远 周培南 李传泽 中国建筑工业出版社 1989年8月

2.《永定土楼》编写组 福建人民出版社 1990年12月

3.《中国现代美术全集——速写卷》中国现代美术全集编辑委员会（本卷主编 李路明）锦绣出版 1997

4.《中国传统民居图说——徽州篇》单德启 清华大学出版社 1998

5.《中国民间住宅建筑》王其钧 机械工业出版社 2003年2月

6.《江南大宅——南浔》沈嘉允 浙江摄影出版社 2005年9月

7.《山西传统民居》谚纪臣 中国建筑工业出版社 2006年3月

8.《建筑场景速写》张勇 山东美术出版社，2010